Alternative Kraftstof

Sven Geitmann

H2YDROGEIT
Verlag

MOTIVATION

Dieses Buch ist aus der Absicht heraus entstanden, eine fundierte Zusammenfassung herauszubringen, in der sowohl innovative Antriebstechniken als auch alternative Energiespeicher vorgestellt und allgemein verständlich erläutert werden. Leserinnen und Leser sollen angesichts der Vielzahl unterschiedlicher Antriebskonzepte in die Lage versetzt werden, selbständig über Alternativen zu den konventionellen Kraftstoffen Benzin und Diesel entscheiden zu können.

Erdgas, Flüssiggas, Biodiesel, Pflanzenöl, Ethanol, Wasserstoff, Elektrizität – Für jeden dieser so genannten Alternativkraftstoffe gibt es eine eigene Lobby, die jeweils den eigenen Stoff anpreist und die anderen mit Kritik überhäuft. Eine objektive Meinungsbildung ist somit äußerst schwierig. Es stellt sich daher die Frage: Welche Antriebsvariante ist für den jeweiligen Individualfall am besten geeignet? Welchen Kraftstoff sollte ich wählen, wenn ich mir einen Neuwagen anschaffen oder mein Gebrauchtauto umrüsten möchte?

Ehrliche Antworten darauf sind nur schwer zu bekommen. Dieses Buch soll Abhilfe schaffen, indem es das notwendige Hintergrundwissen liefert, so dass sich ein jeder Fahrzeughalter eine eigene Meinung darüber bilden kann, welche Antriebstechnik mit welchem Kraftstoff am besten zu ihm passt.

Das vorliegende Buch ist hervorgegangen aus dem Buch *Erneuerbare Energien und alternative Kraftstoffe* (erstmals erschienen: 2004), in dem sowohl der gesamte Kraftstoffsektor als auch der große Bereich der erneuerbaren Energien (Solarenergie, Windkraft, Bioenergie, Geothermie, Wasserkraft) behandelt wurde. Mittlerweile sind jedoch beide Bereiche, sowohl die Erneuerbare-Energien-Branche als auch der Alternative-Kraftstoffe-Sektor, so weit gediehen, dass sie problemlos jeweils ein ganzes Buch füllen können.

Das Originalmanuskript wurde daher zweigeteilt. Der hier nicht mehr enthaltene Strom- und Wärme-Bereich ist nun zu finden in dem Buch *Erneuerbare Energien – Mit neuer Energie in die Zukunft*. Das vorliegende Buch widmet sich ganz den alternativen Kraftstoffen, wobei es sich hierbei mittlerweile schon um die zweite, komplett überarbeitete und aktualisierte Auflage handelt.

Viel Spaß beim Lesen wünscht
Sven Geitmann

INHALT

1 EINLEITUNG

gesamte Umwandlungskette der jeweiligen Kraftstoffe geachtet werden, von der Aussaat bis zum Abgas, und darauf, welcher Weg wirklich sinnvoll ist. Nicht alles, was die Vorsilbe „Bio" trägt, ist auch wirklich nachhaltig.

Außerdem haben Maßnahmen zum Umweltschutz beziehungsweise zur Ressourcenschonung nur dann wirklich Sinn, wenn damit eine Energiesparpolitik einhergeht. Eine merkliche Effizienzsteigerung ist insbesondere vor dem Hintergrund des rasant steigenden Energiebedarfs in China, Indien und etlichen weiteren ehemaligen Entwicklungsländern von überaus großer Bedeutung.

Der derzeitige Gesamtwirkungsgrad bei der Energienutzung innerhalb Deutschlands liegt bei nur 30 %, weltweit liegt er lediglich bei 10 %. Eine derartige Verschwendung von insgesamt rund 90 % der nutzbaren Energie kann sich die Menschheit nicht länger leisten. Hier ist noch sehr großes Optimierungspotential vorhanden, um den Gesamtenergieverbrauch mit sinnvollen Einsparmaßnahmen zu reduzieren und die Effizienz signifikant zu erhöhen.

Dieses Buch soll dabei helfen, auf derartige energiewirtschaftliche Probleme hinzuweisen. Etwaige Verständnislücken sowohl bei Verbrauchern als auch bei Entscheidungsträgern können damit hoffentlich beseitigt werden, um einen bewussten Umgang mit Energien und eine nachhaltige Handlungsweise zu ermöglichen.

Um dies zu erreichen, wird im Folgenden zunächst über die derzeitige Situation im Energiesektor aufgeklärt. Es werden verschiedene alternative Kraftstoffe mit ihren Eigenschaften sowie Vor- und Nachteilen vorgestellt. Dies umfasst sowohl ihre chemischen und physikalischen Merkmale als auch ihre unterschiedlichen Herstellungsverfahren und Einsatzgebiete. Im Mittelpunkt steht dabei die Fahrzeugumrüstung, bei der aus ineffizienten Benzinmotoren relativ saubere Gasmotoren und aus rußenden Dieselfahrzeugen biologische Allesbrenner gemacht werden. Beide Wege können heute schon auf Verbraucherseite merklich zur Kostensenkung beitragen.

Es werden zudem zahlreiche der bereits verfügbaren Pkw-Serienmodelle präsentiert, die bereits ab Werk mit alternativer Antriebstechnik ausgestattet sind. Darüber hinaus wirft dieser Ratgeber einen Blick auf die Frage, inwieweit synthetische Kraftstoffe beziehungsweise Wasserstoff als Kraftstoffe der Zukunft geeignet sind. Es folgen abschließend eine Auflistung zahlreicher Möglichkeiten der Energieeinsparung im Automobilsektor sowie mehrere Fahrberichte mit unterschiedlichen Fahrzeugtypen.

Nach der Lektüre dieses Buches sollten Sie in der Lage sein, sich ein eigenes, fundiertes Bild von der aktuellen Situation im Kfz-Bereich zu machen. Es sei an dieser Stelle nochmals ausdrücklich darauf hingewiesen, dass Sie hier vergeblich nach allgemein gültigen Tipps zur Auswahl Ihres Traumwagens suchen werden. Bei der Kraftstoff- und Fahrzeugauswahl spielen derart viele verschiedene Faktoren eine Rolle, dass jeweils ganz individuell nach der besten Lösung gesucht werden muss. Sie werden bei Ihrer Suche aber feststellen, dass es gar nicht so schwierig ist, nachhaltig unterwegs zu sein, und dass die Zukunft schon längst begonnen hat. Nachhaltigkeit ist längst keine utopische Vision mehr.

2 ENERGIE-VERSORGUNG

2 ENERGIEVERSORGUNG

Im Laufe von Jahrhunderten und Jahrtausenden haben sich die Energiequellen der Menschheit in immer kürzeren Abständen gewandelt. In den Frühzeiten der Entwicklung wurde über zig Jahrtausende hinweg Holz als Brennstoff verwendet. Dann in der Alt-Steinzeit wurde aus Holz die höherwertige Holzkohle hergestellt. Im Altertum entdeckte man dann Braun- und Steinkohle und machte diese nutzbar.

Der Vorteil der Kohle lag gegenüber dem Holz in ihrem höheren Brennwert bedingt durch die höhere Energiedichte, die wiederum ihre Ursache in der Entstehungsgeschichte findet. Bei den Ausgangsprodukten von Kohle handelt es sich um ein komprimiertes Gemisch aus tierischen und pflanzlichen Substanzen. Die Bestandteile sind verschiedenartige Kohlenwasserstoff-Verbindungen, die über einen sehr langen Zeitraum unter der Erdoberfläche eingelagert waren und von den darüber befindlichen Erdschichten zusammengedrückt wurden, weshalb neben der Stoffdichte auch die Energiedichte besonders hoch ist.

Ähnlich sind die Entstehungsgeschichten beim Erdöl und beim Erdgas. Auch diese so genannten *fossilen Primärenergieträger* bedurften für ihre Entstehung besonderer Voraussetzungen hinsichtlich Temperatur, Druck und katalytischer Wirkungsmechanismen. Erdgas entstand vor ungefähr 600 Mio. Jahren aus abgestorbenen Kleinorganismen, Plankton und Algen, die sich auf dem Grund der Ozeane ablagerten und im Laufe der Zeit von Gesteins- und Erdschichten überdeckt wurden. Unter Luftabschluss und bei hohem Druck bildeten sich durch einen chemischen Prozess aus diesen organischen Substanzen Kohlenwasserstoffe.

Die Nutzung dieser fossilen Stoffe begann in den Jahren 1858/59 fast zeitgleich in Celle, Deutschland, und in Pennsylvania, USA. Einen Ölboom, wie er in Nordamerika in den Folgejahren ausbrach, konnte Deutschland allerdings nicht verzeichnen. Damals wie heute förderten die Deutschen nur ungefähr drei Prozent ihres Ölbedarfs selbst. 80 % des in Deutschland geförderten Öls kamen in der Zeit von 1910 bis 1963 aus Wietze, seit 1964 auch aus der Nordsee.

ABB. 1: ÖLPLATTFORM IM GOLF VON MEXIKO

Quelle: obs/Deusche BP

Die Förderung von Erdgas begann erst in den 1970er Jahren. Bis dahin wurde das Gas als störend empfunden und einfach verbrannt (abgefackelt).

Alle fossilen Energieträger entstammen längst vergangenen Zeiten und haben Jahrmillionen bis zu ihrer Entstehung in der heute vorliegenden Form benötigt. Der ursprünglich in der Atmosphäre vorhandene Kohlenstoff wurde zunächst in Pflanzen und Tieren gebunden und im Laufe der Zeit in tiefer gelegenen Erdschichten eingeschlossen. Ursprünglich ist der atmosphärische Kohlenstoffanteil um einiges höher als heute gewesen, aber da mehr und mehr Kohlenstoffverbindungen unter Tage weggesperrt wurden, verringerte sich der CO_2-Anteil in der Atmosphäre, da Kohlenstoff zunehmend dem oberirdischen Kreislauf entzogen wurde. Da dieser Prozess nur sehr langsam ablief, hatte die Natur damals Zeit genug, um sich auf diese Veränderung einzustellen.

Seit der industriellen Revolution Ende des 18. Jahrhunderts werden diese Kohlenwasserstoffverbindungen wieder aus ihren Verstecken hervorgeholt und durch ihre Verbrennung zurück in die Atmosphäre entlassen. Im ursprünglichen Sinne ist dieser Vorgang also ganz natürlich. Das Problem ist allerdings, dass sich die heutigen Lebensformen auf der Erde nicht in einem angemessenen Zeitraum an die veränderten Lebensbedingungen mit einem höheren Kohlenstoffanteil anpassen können, weil diese Rückführung zu schnell abläuft. Dass es tatsächlich zu Veränderungen kommt, ist nicht schwer nachzuvollziehen, wenn man sich überlegt, dass ein maßgeblicher Anteil des Kohlenstoffes, der über Jahrmillionen unterirdisch gespeichert war, innerhalb von 100 Jahren wieder freigesetzt wird. Es ist mehr als verständlich, dass das komplizierte natürliche Gleichgewicht dabei schnell aus der Balance geraten kann.

ABB. 2: SANGACHAL-PIPELINE BEI BAKU, ASERBAIDSCHAN

Quelle: obs/Deusche BP

Der unbändige Energiehunger der Menschheit ist indes auch trotz dieser Ausbeutung längst noch nicht befriedigt. Als weitere Option wurde daher die Kernenergie ins Spiel gebracht, die Anfang des 20. Jahrhunderts entdeckt wurde. Mit dieser Technik können zwar beeindruckend große Energiemengen aus relativ kleinen Mengen Kernbrennstoff gewonnen werden, dafür treten aber bei deren Nutzung schwer wiegende Entsorgungs- und Gesundheitsprobleme auf, die nicht nur unsere Generation, sondern auch noch zahlreiche zukünftige Generationen in erheblichem Maße belasten werden. Dieser Ausflug in die Kerntechnik entpuppte sich folglich als Holzweg, zumindest für die Bundesrepublik Deutschland. Hier ist der Ausstieg aus der Kernenergie beschlossene Sache, obwohl einige Politiker dies regelmäßig wieder in Frage stellen.

Die Suche nach einer geeigneten Energieform ist demnach immer noch nicht zufrieden stellend geklärt, weshalb vorerst an den vorhandenen Energieträgern festgehalten wird. Die ungehemmte weitere Nutzung fossiler Energieträger (Kohle, Erdöl, Erdgas) beinhaltet allerdings zwei gravierende Nachteile:

1. Die natürlichen Ressourcen sind begrenzt (s. Kap. 2.3).
2. Die Verbrennungsprodukte sind umweltschädlich (s. Kap. 2.4).

Es werden zwar immer wieder neue Erdölquellen und Erdgasfelder entdeckt, aber es ist nicht zu leugnen, dass die Gesamtvorkommen endlich sind und in unbestimmter Zeit erschöpft sein werden. Hinzu kommt, dass die Emissionen, die in den Industrieländern verursacht werden, auch anderswo erhebliche Schäden verursachen: Abgasemissionen verunreinigen über Grenzen hinweg die Luft, undichte Öl- und Gas-Pipelines verseuchen Grundwasser und Böden, gekenterte Tankschiffe verdrecken Ozeane und Meeresbewohner. In vielen Fällen bezahlen unschuldige Lebewesen mit ihrer Gesundheit für die Annehmlichkeiten der Industrienationen.

Ebenso wie bei der Diskussion über die Kernenergie müssen wir uns daher fragen, ob wir unsere Handlungsweise gegenüber diesen Lebewesen – Mensch wie Tier – sowie nachfolgenden Generationen rechtfertigen können.

2.1 Energiebedarf

Ein entscheidender Faktor, der sehr eng mit dem zunehmenden Energiebedarf verknüpft ist, ist das weltweite Bevölkerungswachstum. Die Weltpopulation nimmt seit den ersten Schritten des Homo sapiens auf der Erde stetig weiter zu. Derzeit sind wir bei 6,6 Mrd. Menschen. Momentan wächst die Population pro Jahr um 80 Mio. Erdenbewohner an. Bis zum Jahr 2050 wird die Weltbevölkerung voraussichtlich bei neun Milliarden Menschen liegen.

In gleichem Maße, wie die Population auf diesem Planeten zunimmt, steigt auch die benötigte Energiemenge. Allein mit Holz können sich die Menschen schon lange nicht mehr versorgen, auch, wenn Holz in vielen Regionen heute immer noch der Energieträger Nummer eins ist. Neue Energiequellen sind daher notwendig, damit das Leben und Überleben in der heutigen Zeit möglich bleibt.

Darüber hinaus nimmt der Energiebedarf pro Person immer weiter zu. Speziell in Zeiten der Globalisierung, in denen der Wunsch nach mehr Mobilität die Kilometerleistung der Fahrzeuge in die Höhe treibt und den Bewegungsradius jedes Einzelnen erweitert, wird immer mehr Energie von jeder Person benötigt. Weltweit schreitet die Industrialisierung immer weiter voran. Die Milliardenbevölkerung Indiens und Chinas fordert ebenso ihr Recht auf mehr Mobilität ein wie die Bewohner der Industriestaaten. Mit der gleichen Selbstverständlichkeit, mit der Amerikaner und Europäer für sich in Anspruch nehmen, frei und unabhängig zu sein, steht auch jedem anderen Erdbewohner das Recht auf Mobilität und damit auf ein Fortbewegungsmittel seiner Wahl inklusive der benötigten Energie zu.

Aktuelle Lage:

- Der gesamte Verkehrssektor (inkl. Gütertransport, Flugzeug- und Schiffsverkehr) verbraucht fast die Hälfte des weltweit geförderten Erdöls; Tendenz steigend.
- Die Gesamtzahl aller Kraftfahrzeuge weltweit wird sich voraussichtlich von derzeit über 900 Mio. bis zum Jahr 2030 mehr als verdoppeln (BRD, 2009: 49,6 Mio. Kfz).
- Die globale Autoflotte wächst doppelt so schnell wie die Weltbevölkerung.

Diese alarmierenden Zahlen belegen den unweigerlichen weiteren Anstieg des weltweiten Energiebedarfes. Im Jahr 2030 wird er voraussichtlich um 50 % über dem Wert von 2007 liegen. Noch ist es zwar so, dass ein Inder im Durchschnitt nur ein Zehntel der CO_2-Emissionen eines Deutschen verursacht. Mit fortschreitender Industrialisierung und Mobilität wird die persönliche Bilanz aber bald auch dort auf westlichem Niveau angekommen sein.

Diesem Trend wirkt – zumindest teilweise – die technische Weiterentwicklung entgegen. Indem die Wirkungsgrade der Energieverbraucher verbessert werden, können beträchtliche Energiemengen eingespart werden. Hier anzusetzen ist ein lohnenswertes Unterfangen, da die Gesamteffizienz im Energiesektor noch nicht sonderlich hoch liegt. Weltweit gehen rund neun von zehn Kohlen ungenutzt zum Schornstein hinaus. In Deutschland ist die Effizienz zwar etwas höher, aber auch hier gehen sieben von zehn Litern Öl in Form von heißer Luft verloren.

ABB. 3: FRÜHESTE GEWÖHNUNG ANS AUTOMOBIL

Quelle: Ravensburger Buchverlag

Aber trotz Wirkungsgradanhebungen steigt der Gesamtenergiebedarf weltweit drastisch weiter an. Über die vergangenen Jahre gesehen hat sich der gesamte Mineralölverbrauch seit 1960

- in den USA mehr als verdoppelt,
- in Europa mehr als vervierfacht,
- im pazifischen Raum versechsfacht.

Dabei gibt es ein krasses Missverhältnis zwischen den Industrie- und den Entwicklungsländern bezüglich des Energieverbrauches und des Anteils der Weltbevölkerung (s. Abb. 4).

Die westliche Welt verbraucht mehr als die Hälfte der weltweiten Energievorkommen, obwohl sie lediglich ein Siebtel der Weltbevölkerung stellt. In den USA leben lediglich fünf Prozent der Weltbevölkerung. Diese konsumieren aber rund 26 % des gesamten Rohöls. Beim gesamten Energieverbrauch sind die USA ebenfalls mit 21,4 % führend. Auf Platz 2 steht mit 15,6 % mittlerweile China.

Es stellt sich daher die entscheidende Frage, wie heute und auch in den kommenden Jahren der Weltenergiebedarf auf eine nachhaltige Art gedeckt werden kann. Zunächst aber noch einige weitere Details zum aktuellen Stand bei der Energieversorgung.

ABB. 4: UNTERSCHIED ZWISCHEN INDUSTRIE- & ENTWICKLUNGSLÄNDERN

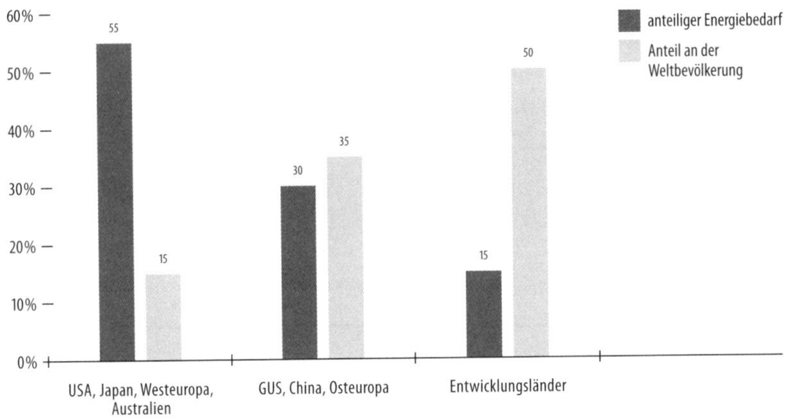

Quelle: Bayerisches Staatsministerium für Wirtschaft

2.2 Energieverbrauch

Bei der Betrachtung des heutigen Energieverbrauches muss zunächst darauf hingewiesen werden, dass sich der Primärenergieverbrauch zusammensetzt aus den Bereichen Strom-, Wärme- und Kraftstoffbedarf.

2.2.1 Primärenergieverbrauch in Deutschland

In Deutschland nehmen die fossilen Primärenergieträger den größten Teil bei der Deckung des Energiebedarfes ein (s. Abb. 5). Im Jahr 1990 lag ihr Anteil bei rund 88 %, 2009 waren es noch 79 %. Der größte prozentuale Anteil am Primärenergieverbrauch wird in Form von Mineralöl bereitgestellt. An

Der Begriff Primärenergie bezeichnet die Energie, die noch keiner technischen Umwandlung unterzogen wurde. In diesem Sinne zählen zu den Primärenergieträgern sowohl die fossilen Brennstoffe und Kernbrennstoffe als auch erneuerbare Energien (Wasser- und Windkraft, Solarenergie, Erdwärme und Bioenergie).

ABB. 5: ENTWICKLUNG DES PRIMÄRENERGIEVERBRAUCHS IN DEUTSCHLAND (IN %)

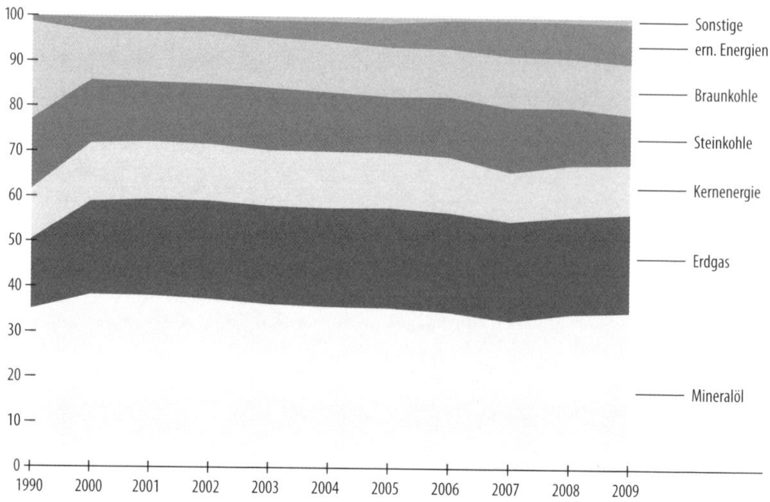

Quelle: Arbeitsgemeinschaft Energiebilanzen

ABB. 6: AUFTEILUNG DER ERNEUERBAREN ENERGIEN 2007

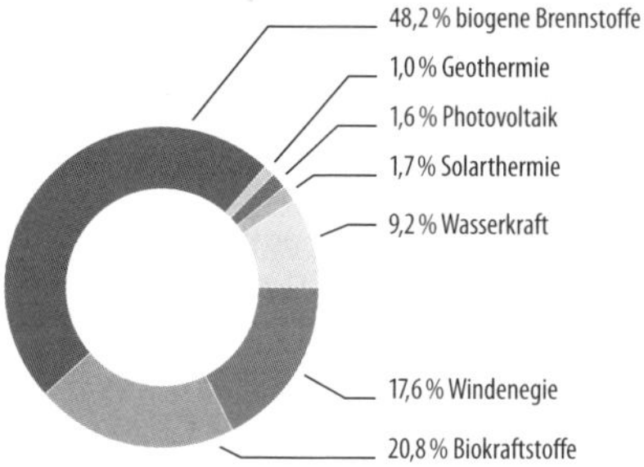

Quelle: Bundesministerium für Ernährung, Landwirtschaft und Verbraucherschutz

zweiter Stelle folgt Kohle (Braun- und Steinkohle zusammen 22,5 %), dicht dahinter kommt Erdgas und mit weiterem Abstand die Kernenergie.

In den vergangenen Jahren hat es deutliche Veränderungen beim Energiemix gegeben. Erdgas konnte seinen Anteil innerhalb von 15 Jahren um mehr als 40 % vergrößern, während der Anteil von Steinkohle um über 20 % abgenommen hat. Braunkohle bleibt nach einem 50%igen Einbruch im vorigen Jahrzehnt bei etwa 11 %. Die Bereiche Mineralöl und Kernenergie haben von 1990 bis 2000 einige Prozentpunkte gewonnen, mittlerweile ist ihr Anteil aber wieder auf das Niveau von 1990 zurückgegangen.

Insgesamt werden in Deutschland zunehmend gasförmige Energieträger eingesetzt. Diese Entwicklung ist vor allem durch die voranschreitende Substitution der Kohle durch Erdgas zu erklären, die unter anderem auf den fortschreitenden Umbau der Industrie und modernere Heiztechnik in den neuen Bundesländern zurückzuführen ist.

Trotz eines geringfügig reduzierten Gesamtprimärenergieverbrauchs (PEV) nimmt der Anteil erneuerbarer Energien (EE) seit mehreren Jahren zu. Dieser stetige Aufwärtstrend, der lediglich im Jahr 1996 (Liberalisierung des deutschen Strommarktes) einen Aussetzer verbuchen musste, dauert mittlerweile über 20 Jahre an. Zunächst verlief dieser Anstieg infolge der Einführung des Stromeinspeisegesetzes (im Jahr 1991) eher langsam, seit 1999 jedoch recht zügig. Dies liegt unter anderem an der Einführung des 100.000-Dächer-Solarstromprogramms (1999) sowie des Erneuerbare-Energien-Gesetzes (EEG, 2000).

Ursprünglich hatte sich die Bundesregierung zum Ziel gesetzt, den Anteil der erneuerbaren Energien am Primärenergieverbrauch von 2,1 % im Jahr 2000 auf

4,2 % 2010 zu verdoppeln. Diese Marke wurde aber bereits 2004 (4,5 %) überschritten. 2009 lag der Anteil der erneuerbaren Energien über alle Sparten hinweg bei rund 9 %.

2.2.2 Weltweite Energieversorgung

Der gesamte Weltenergiebedarf nahm in den vergangenen Jahren stetig zu, insbesondere durch das rasante Wirtschaftswachstum in bevölkerungsstarken Regionen. Der größte Beitrag zur weltweiten Primärenergieversorgung wird nach wie vor vom Erdöl geleistet (2005: 36 %), auch wenn einzelne Länder wie beispielsweise China rund 72 % mit Kohle und Frankreich 41 % mit Kernenergie abdecken. An zweiter Stelle folgt Kohle, deren weltweiter Anteil bedingt durch das Wirtschaftswachstum in Asien mittlerweile auf mehr als ein Viertel des Weltenergieverbrauchs angewachsen ist. Nach Erdgas (25 % am PEV) folgt Wasserkraft, die die Kernenergie auf Platz 5 abgedrängt hat.

Auch in Zukunft wird Mineralöl weltweit noch lange Zeit der Hauptenergieträger bleiben. Der zwischenzeitlich drastische Anstieg des Rohölpreises sowie die folgende weltweite Rezension haben aber zunächst eine Verlangsamung des Verbrauchsanstiegs bewirkt. In den Jahren 2005 bis 2008 konnte man erstmals eine Stagnation der Ölfördermenge feststellen. Die Raffineriekapazitäten gelangten in dieser Zeit an ihren Grenzen. Außerdem entwickelten sich leicht erreichbare

TAB. 1: WELTWEITE ENTWICKLUNG DES PRIMÄRENERGIEVERBRAUCHS 2005

Energieträger	Verbrauch (Mio. t)	Änderung z. Vorjahr (%)
Erdöl	3.836,8	+ 1,3
Kohle	2.929,8	+ 5,0
Erdgas	2.474,7	+ 2,3
Wasserkraft	668,7	+ 4,2
Kernenergie	627,2	+ 0,6

[Weiss, 2006]

Ölquellen zur Mangelware, da zu wenig in neue Vorkommen investiert worden war. Dadurch verteuerte sich Rohöl dramatisch. Innerhalb von sechs Jahren verfünffachte sich der Preis für ein Fass Rohöl (159 Liter, engl. Barrel). Während der Preis für ein Barrel Öl der Sorte Brent im November 2001 noch bei unter 20 US-Dollar lag, überschritt er zur Jahreswende 2007/2008 erstmals die magische Grenze von 100 US-Dollar. Die lange Zick-Zack-Kurve beim Preisverlauf kannte in dieser Zeit vornehmlich eine Richtung: nach oben. Während im Frühjahr 2007 zeitweise weniger als 50 US-Dollar gezahlt werden mussten, verdoppelte sich der Preis innerhalb eines Jahres und stieg im Juli 2008 bis auf knapp 150 US-Dollar.

Die Richtung der Preisentwicklung wurde dabei vorgegeben von dem rasanten Wirtschaftswachstum in den Schwellen- und Entwicklungsländern, das mit einem immensen Energiehunger einherging. China verdoppelte innerhalb von zehn Jahren seinen Ölverbrauch, und auch Indien legte um 50 % zu.

ABB. 7: DER ÖLPREIS STEIGT UND FÄLLT ***[US$/BARREL]***

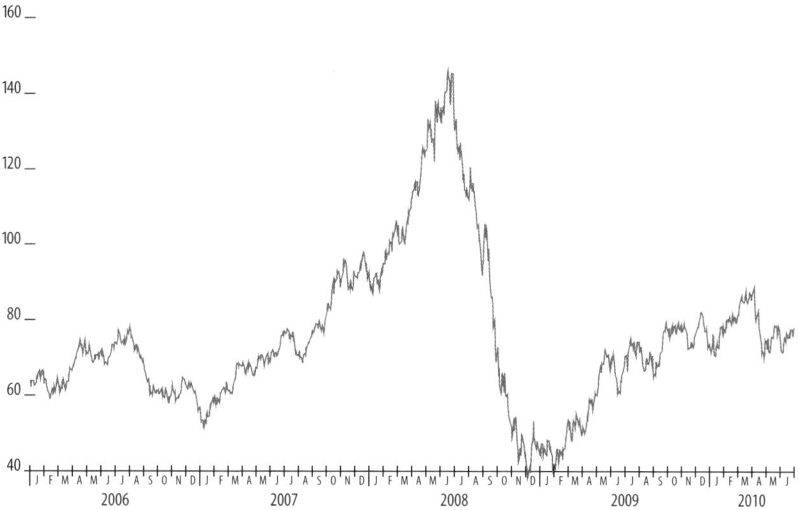

Quelle: www.tecson.de/prohoel.htm

Der anschließende Absturz des Ölpreises war vornehmlich durch die weltweiten Rezensionsängste geprägt. Innerhalb von nur sechs Monaten rutschte der Barrelpreis wieder auf unter 40 US-Dollar hinunter. 2009 und 2010 pendelte er sich dann bei 70 bis 80 US-Dollar ein.

Mittelfristig dürfte der Ölpreis sich nach und nach wieder nach oben orientieren, da der weltweite Energiebedarf weiter steigen wird.

Europa befand sich in diesen Zeiten in der glücklichen Lage, mit dem Euro über eine relativ krisenfeste Währung zu verfügen. Fast parallel zum Ölpreisanstieg hatte der Euro gegenüber dem US-Dollar an Wert gewonnen. Notierte der Euro nach seiner Einführung Anfang 1999 zunächst am Tiefpunkt bei 0,82 US-Dollar (Ende 2000), so erreichte er Anfang 2008 ein zwischenzeitliches Rekordhoch von fast 1,60 US-Dollar. Dadurch machte sich der zwischenzeitlich hohe Ölpreis nicht ganz so stark bemerkbar, da Öl in US-Dollar gehandelt wird. Dennoch stieg der Benzinpreis im Mai 2008 bis auf über 1,50 Euro pro Liter. Im Jahr 1998 zahlten Autofahrer lediglich 80 Cent, also noch etwas weniger als Ende 2008 (1,10 Euro).

Innerhalb Europas ist die Bundesrepublik der größte Energieverbraucher mit 3,95 TWh gefolgt von Frankreich (3,21 TWh) und Großbritannien (2,72 TWh). Mit einer Zunahme des Energieverbrauchs wird europaweit derzeit nicht gerechnet, da sich die Effizienz bei vielen Prozessen stetig weiter verbessert.

TAB. 2: ERNEUERBARE ENERGIEN IN DER EU

Biomasse	66,1 %
Wasserkraft	22,2 %
Windkraft	5,5 %
Geothermie	5,5 %
Sonnenenergie	0,7 %

[2005]

Auf dem Weltmarkt ist die Situation bei den regenerativen Energien derzeit noch etwas verhalten, da die Energieversorgung mit erneuerbaren Energien aufgrund der unterschiedlichen regionalen Begebenheiten weltweit sehr stark von den natürlichen Energievorkommen und geographischen Erscheinungsformen geprägt ist. Island verfügt beispielsweise über Thermalquellen

(Geothermie), während in Kanada Wasserkraft und in Chile Windenergie maßgebliche Rollen spielen. Der Beitrag erneuerbarer Energien zur Deckung der globalen Energienachfrage liegt momentan bei rund 13 % bezogen auf den gesamten Primärenergieverbrauch. Außer bei der Wasserkraft, die bereits wesentlich zur Stromerzeugung beiträgt, ist die Bedeutung der anderen erneuerbaren Energielieferanten insgesamt recht niedrig.

2.3 Zeitliche Verfügbarkeit

„Das Ende des Ölzeitalters hat begonnen. Dieser Erkenntnis müssen wir uns stellen."

Dieses Zitat ist längst keine Forderung allein von Öko-Aktivisten mehr. Es wird mittlerweile auch von deutschen Politikern unterstützt, und auch die USA, die lange Zeit nichts von Klimawandel und erneuerbaren Energien wissen wollten, stimmen dem inzwischen zu.

Es ist allerdings noch so, dass die fossilen Energieträger den weitaus größten Anteil am Energieverbrauch ausmachen und der Gesamtenergiebedarf stetig weiter zunimmt. Daher ist absehbar, dass die natürlichen Vorkommen dieser Primärenergieträger weiter schrumpfen. Durch neue Bohrungen werden zwar immer wieder neue Öl- und Gasvorkommen entdeckt, aber Fakt ist, dass ein Barrel Öl oder eine Tonne Kohle kein zweites Mal verbrannt werden kann. Die Ressourcen schwinden definitiv, denn auch die Funde neuer Vorkommen werden seltener und zudem kleiner.

Die Diskussion über die genaue Bezifferung der zeitlichen Verfügbarkeit dieser Öl-, Gas- und Kohlevorkommen ist ein fortwährender Kampf unterschiedlicher Interessengruppen. Vertreter der Mineralölindustrie erklären seit Jahren, es seien noch aus-

Als **Reserven** werden die Vorkommen bezeichnet, die
- durch Bohrungen bestätigt
- mit heutiger Technik förderbar
- bei heutigen Preisen wirtschaftlich gewinnbar

sind. Demgegenüber sind die **Ressourcen** all die Vorkommen, die zwar noch irgendwo lagern, aber derzeit nicht bekannt oder nicht wirtschaftlich förderbar sind.

reichend Reserven vorhanden und in absehbarer Zukunft (20 bis 40 Jahre) würde kein Mangel auftreten. Genau die gegenteilige Meinung vertreten Umweltverbände, indem sie sagen, in nächster Zeit (10 Jahre) würden die Reserven drastisch abnehmen.

Ironischerweise steht derzeit so viel Öl wie nie zuvor zur Verfügung. Während sich die weltweiten Reserven gemäß der Studie Oeldorado 2008 von ExxonMobil auf 178 Mrd. t beliefen, waren es 2008 rund 182 Mrd. t. Demgegenüber beliefen sich die Zahlen für das Jahr 1957 lediglich auf einen Bruchteil: 36 Mrd. t. Damals lag sowohl der Verbrauch als auch die Raffineriekapazität nur bei einem Viertel des heutigen Wertes.

Diese wundersame Vermehrung der Reserven hat unterschiedliche Ursachen:
- Früher wurde Öl nur in Wassertiefen von bis zu 75 m gefördert. Heute arbeitet man in bis zu 400 m tiefen Gewässern, mitunter sogar in 3.000 m Tiefe.
- Früher wurde nur 35 % des vorhandenen Öls aus den Lagerstätten gefördert. Heute ermöglicht die technische Weiterentwicklung eine Nutzung von bis zu 70 %.
- Früher bei niedrigem Barrelpreis waren viele Lagerstätten nicht wirtschaftlich ausbeutbar. Heute lohnt sich auch der aufwendige Abbau von Ölschiefer und Ölsanden.

Sehr viel kritischer geht die Energy Watch Group an dieses Thema heran. Sie geht davon aus, dass der so genannte *Mid Depletion Point* (Punkt des größten Ölfördervolumens) bereits im Jahr 2006 überschritten wurde. Im Oktober 2007 gab die Forschungsgruppe der Ludwig-Bölkow-Stiftung bekannt, dass die weltweiten Ölfördermengen mittlerweile mit einigen Prozentpunkten pro Jahr rückläufig sind. Laut Industriedatenbank HIS (2006) werden die Weltölreserven zwar auf 1.255 Giga-Barrel geschätzt, aber für die Wissenschaftler gibt es stichhaltige Gründe, diese Zahl für einige Regionen und Schlüsselländer nach unten zu korrigieren. Ihrer Schätzung nach belaufen sich die Reserven nur auf 854 Giga-Barrel.

Gestützt werden diese Annahmen unter anderem durch die Aussage König Abdullahs von Saudi-Arabien, dem größten Ölproduzenten der Welt, der sagte:

ABB. 8: STETIGES NICKEN DER „PFERDEKÖPFE"

„Der Ölboom ist vorbei und wird nicht zurückkehren. Wir müssen uns alle an einen anderen Lebensstil gewöhnen." Ganz anderer Meinung war hingegen lange Zeit die Internationale Energie Agentur (IEA). Sie bestritt bis 2007, dass eine grundlegende Änderung der Energieversorgung in naher oder weiterer Zukunft wahrscheinlich sei. Erst im World Energy Outlook 2008 skizzierte sie erstmals ein etwas anderes Bild: Ohne umfassende Investitionen in neue Fördervorhaben könnte es schon bald zu bedenklichen Engpässen kommen, warnte die IEA.

Wie viel Öl tatsächlich noch vorhanden ist, ist nur schwer zu sagen. Anfang 2007 war im Brennstoffspiegel, dem deutschen Energiemagazin der Mineralölwirtschaft, zu lesen: „Nicht einmal die Ergiebigkeit der Quellen, aus denen heute Öl gefördert wird, ist wirklich bekannt." Weiter hieß es dort, dies läge daran, „dass die Mitglieder der OPEC auf Teufel komm raus schwindeln, wenn sie nach ihren Ölreserven gefragt werden. Sie geben sie zu hoch an." [Ottlik, 2007]

Der Hintergrund für eine derartige Verzerrung der Tatsachen ist, dass die Organisation Erdöl exportierender Länder (Organization of the Petroleum Exporting Countries, OPEC) über die jeweils erlaubte Fördermenge ihrer Mitglieder entscheidet. Für die Bestimmung der Fördermenge gibt es einen Berechnungsschlüssel, der sich nach der Größe der im Land vorhandenen Reserven bestimmt. „Je größer die Reserve eines Landes, desto höher die ihm zugebilligte Förderquote. Deshalb werden die Zahlen geschönt, um es zurückhaltend zu formulieren." [Ottlik, 2007]

In dieses Bild passt auch die Neubewertung des Mineralölkonzerns Shell Anfang 2004, der nach eigenen Aussagen seine Reserven falsch eingeschätzt hatte und die Mengenangabe um ein Drittel reduzieren musste.

Die Summe aller fossilen Energieträger verringert sich währenddessen unweigerlich mit jedem weiteren Tag, an dem auch nur ein Fahrzeug mit Benzin fährt oder ein Haus mit Kohle oder Gas geheizt wird. Die eigentliche Frage muss demnach nicht lauten, wie lange die Vorkommen tatsächlich noch reichen. Stattdessen sollte sich jeder Einzelne fragen, wie die noch existierenden Primärenergieträger im Sinne einer nachhaltigen Handlungsweise verantwortungsvoll und bewusst eingesetzt werden können.

Mineralöl, das so genannte *schwarze Gold*, gilt als hochwertiger Energieträger, weil es für eine Vielzahl von Anwendungen geeignet ist (z. B. chemische Industrie, Textil- & Pharmaindustrie). Deswegen spielt die Überlegung eine wichtige Rolle, ob es für die Verfeuerung in Heizkesseln oder den Antrieb von Kraftfahrzeugen nicht einfach zu schade ist, gerade weil es nicht endlos viel davon gibt.

Erdgas inklusive diverser Folgeprodukte (z. B. Propan, Butan) ist genau wie Mineralöl ein endlicher, fossiler Primärenergieträger, wobei es im direkten Ver-

ABB. 9: DIE OFFIZIELL GRÖSSTEN ÖLLÄNDER 2009 *[ÖLRESERVEN IN Mrd. t]*

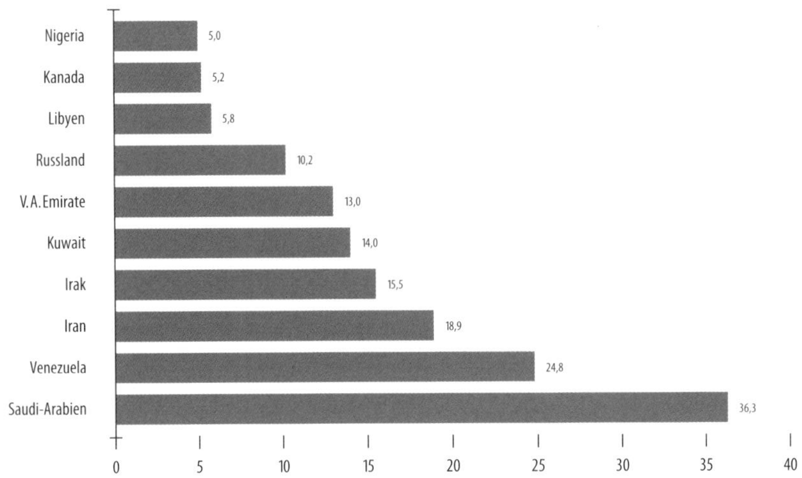

Quelle: BP Statistical Review 2010

gleich als nicht ganz so hochwertig angesehen wird. Die zeitliche Verfügbarkeit von Gas wird hingegen etwas höher angesetzt als bei Öl. Der Vorteil von Gas besteht darin, dass es als Übergangsprodukt fungieren kann für eine allmähliche Abkehr vom Mineralöl. Erdgas und auch Flüssiggas verursachen bei der Verbrennung deutlich weniger Schadstoffe und eignen sich daher gut für den Einsatz in Kraftfahrzeugen (s. Kap. 4.4.5 Umrüstung). Außerdem können mit ihnen praktische Erfahrungen im Umgang mit Gasen gesammelt werden, um später einen ebenfalls gasförmigen Kraftstoff einzusetzen: Wasserstoff.

2.4 Umweltbelastung

Die Diskussion über den Einsatz fossiler oder erneuerbarer Energieträger geht weit über deren zeitliche Verfügbarkeit und den globalen Energieverbrauch hinaus. Sie beinhaltet darüber hinaus auch das überaus wichtige Thema der Umweltbelastung. Aber was genau bedeutet eigentlich *Umweltbelastung*?

Mit der Umwelt ist neben den Menschen auch die gesamte Tier- und Pflanzenwelt gemeint – inklusive der Luft, die wir atmen, und des Bodens, auf dem wir gehen. Alle Einflüsse, die diese Umwelt negativ beeinflussen, können als Umweltbelastung bezeichnet werden.

Am offensichtlichsten sind die Einschnitte in die Natur beim Braunkohleabbau, wie er beispielsweise in der Lausitz oder auch im Ruhrgebiet betrieben wird. Der Obertageabbau von Braunkohle ist zwar finanziell sehr viel günstiger als der Untertageabbau von Steinkohle, hat aber auch beträchtliche Umweltschäden zur Folge:

- großräumige Grundwasserabsenkungen
- Erschwerung der Trinkwassergewinnung
- Bodenabsenkungen
- Schäden an Pflanzen- und Tierwelt

Auch für die Menschen hat dies drastische Auswirkungen, da ganze Siedlungen umgesetzt werden müssen. Allein bei Garzweiler II mussten zwölf Dörfer mit 8.000 Menschen umgesiedelt werden. Im Saarland wurde mittlerweile der

ABB. 10: RIESIGE BAGGER BEACKERN RIESIGE BRAUNKOHLEFELDER

Quelle: obs/Kabel 1

Kohleabbau bis zum Jahr 2012 befristet, da es in der Vergangenheit durch wiederholte und immer häufiger werdende Bodenabsenkungen zu einer ernsthaften Gefährdung von Gebäuden und auch Menschen kam.

Etwas subtiler und nicht ganz so offensichtlich geht es bei den Umweltbeeinträchtigungen zu, die durch die Nutzung der Primärenergieträger verursacht werden. Bei der Verbrennung (Oxidation) fossiler Energieträger werden unweigerlich Schadstoffe freigesetzt, weil sich bei dieser Reaktion deren chemische Struktur verändert. In der Theorie muss es sich dabei allerdings nicht gezwungenermaßen um

Emissionen sind Einflüsse auf die Umwelt, egal ob negativer oder positiver Natur. Dabei kann es sich um stoffliche Emissionen handeln, also um die Freisetzung bestimmter Substanzen, es können aber auch Geräuschemissionen (z. B. Lärm) sein. **Schadstoffe** hingegen sind per Definition negativ. Die meisten Schadstoffe sind in ihrer Häufigkeit und Menge vom Gesetzgeber durch die Angabe von Grenzwerten begrenzt (limitiert).

Schadstoffe handeln. Solange eine vollständige Verbrennung von Kohlenwasserstoffen stattfindet (s. Formel), werden theoretisch nur Reaktionsprodukte erzeugt, die für die Umwelt unbedenklich sind: Kohlendioxid und Wasser. Inwieweit Kohlendioxid als schädlich oder unschädlich bezeichnet werden kann, wird im nachfolgenden Kapitel behandelt.

$$C_nH_m + (n + m/4)\ O_2 \rightarrow n\ CO_2 + m/2\ H_2O$$

Weil in der Realität aber nicht nur die Kohlenwasserstoffe als Reaktionspartner für Sauerstoff zur Verfügung stehen, sondern auch große Mengen Stickstoff (79 % der Umgebungsluft sind Stickstoff), entstehen auch Stickoxide (NO_x), die als Schadstoffe angesehen werden. Noch problematischer wird es, wenn es zu einer unvollständigen Verbrennung infolge Sauerstoffmangels kommt, so dass Kohlenmonoxid, unverbrannte Kohlenwasserstoffe, Schwefeloxid und beim Dieselmotor auch Ruß entstehen.

In der Praxis findet eigentlich nie eine vollständige Verbrennung statt. Demzufolge entstehen tatsächlich bei jedem Verbrennungsprozess, bei dem fossile Energieträger beteiligt sind, gewisse Mengen Schadstoffe: limitierte und nicht limitierte Emissionen.

„Ob etwas giftig ist, entscheidet allein die Dosierung!"

2.4.1 Limitierte Emissionen

Bei den limitierten Emissionen handelt es sich um die gesetzlich reglementierten Schadstoffe. Dass andere Substanzen ebenfalls die Umwelt belasten können, ist selbstverständlich.

- *Kohlenwasserstoffe* (C_nH_m): Allgemeine Bezeichnung für organische Verbindungen, die aus verschiedenen Anteilen Kohlenstoff und Wasserstoff bestehen. Treten Kohlenwasserstoffe im Abgas auf, ist dies ein Zeichen für eine unvollständige Verbrennung mit entsprechend geringerem Wirkungsgrad. Aromatischen Kohlenwasserstoffverbindungen werden krebserregende Eigenschaften zugeschrieben.

- *Kohlenmonoxid* (CO): Reiz-, farb- und geruchsloses Gas, das bei der unvollständigen Verbrennung von organischen Verbindungen entsteht. Es wirkt gesundheitsgefährdend, da es die Sauerstoffaufnahme des Blutes behindert.
- *Stickoxide* (NO_X): NO_X umfasst Stickoxid (NO) und Stickstoffdioxid (NO_2). Sie entstehen insbesondere bei hohen Verbrennungstemperaturen. NO greift die Schleimhäute der Atmungsorgane an und begünstigt Atemwegserkrankungen. In Luft reagieren die Oxide in Verbindung mit Wasser zu Salpetersäure (HNO_3) und sind für den sauren Regen mitverantwortlich. Stickoxide tragen außerdem zur Smogbildung bei.
- *Ruß* (C): Reiner, unverbrannter Kohlenstoff. Er wird vornehmlich in Dieselaggregaten erzeugt. An den Kohlenstoffpartikeln können polyzyklische, aromatische Kohlenwasserstoffe angelagert sein, denen eine karzinogene (krebserzeugende) Wirkung nachgesagt wird.

2.4.2 Nichtlimitierte Emissionen

- *Schwefeldioxid* (SO_2): Farbloses, stechend riechendes Gas. Es entsteht überwiegend als unerwünschtes Nebenprodukt bei der Verbrennung schwefelhaltiger, fossiler Energieträger wie beispielsweise Kohle oder Öl. Reaktionsprodukte von Schwefeldioxid führen vermischt mit Wasser und Salpetersäure zur Bildung sauren Regens, der für das Waldsterben mitverantwortlich ist.
- *Kohlendioxid* (CO_2): Farbloses, nicht brennbares, geruchloses und ungiftiges Gas, das mit ca. 0,03 % natürlicher Bestandteil der Erdatmosphäre ist (s. auch Kap. 2.4.3 CO_2-Problematik).
- *Polyzyklische, aromatische Kohlenwasserstoffe* (PAH): Einige besitzen karzinogene und auch mutagene Eigenschaften (Krebs und Mutationen auslösend).
- *Benzol, Toluol, Xylol* (BTX): Leicht flüchtige, aromatische Einzel-Kohlenwasserstoffe in ringförmiger chemischer Anordnung; Benzinbestandteile. Benzol gilt als krebserzeugend. Toluol kann in erhöhter Konzentration Schleimhautreizungen, Störungen des Nervensystems sowie Schädigungen an Leber, Niere und Gehirnzellen verursachen.
- *Formaldehyd* (HCHO oder CH_2O): Wasserlösliches, sehr reaktionsfreudiges, säuerlich-stechend riechendes, farbloses Gas, karzinogen. Es gehört zur Gruppe der Aldehyde und kommt meist in 35%iger wässriger Lösung als

Formalin in den Handel. Es entsteht als Nebenprodukt bei fast allen Verbrennungsprozessen.

2.4.3 CO_2-Problematik

Beim Thema Kohlendioxid scheiden sich die Geister, wie diese Substanz am treffendsten tituliert werden kann:

- als Schadstoff
- als Treibhausgas
- als natürliches Umweltgas

Kohlendioxid, chemisch korrekt Kohlenstoff-Dioxid genannt, ist ungiftig und ein natürlicher Bestandteil der Erdatmosphäre. Bei der Photosynthese wird es von Pflanzen mit Hilfe der Sonnenenergie und Wasser in energiereichere Kohlenhydrate überführt, wobei Sauerstoff freigesetzt wird, den wiederum Menschen und Tiere zum Leben und Überleben benötigen. Auch die Kohlenhydrate werden von Mensch und Tier für deren Stoffwechsel aufgenommen, zu CO_2 und Wasser abgebaut und durch Atmung an die Außenluft abgegeben beziehungsweise in Biomasse umgewandelt.

Vor Jahren waren sich die Wissenschaftler noch uneins darüber, ob Kohlendioxid tatsächlich einen Einfluss auf das Klima hat. Mittlerweile stimmen weit über 90 % der Wissenschaftler darin überein, dass die vom Menschen verursachte Emission von Treibhausgasen (inklusive Kohlendioxid) einen globalen Klimawandel bewirkt. Bei der Interpretation dieser Aussage, welche Folgen dies also haben könnte, sind sich die Forscher jedoch noch uneins.

Aber worum genau geht es eigentlich bei der CO_2-Problematik?

Die Erdatmosphäre ist weitestgehend durchlässig für einfallendes, sichtbares Sonnenlicht. Die Rückstrahlung von langwelliger Infrarotstrahlung ins Weltall wird hingegen erschwert, weil bestimmte Substanzen in der Atmosphäre dies teilweise verhindern. Damit verhält sich die Atmosphäre ähnlich wie das Glasdach eines Treibhauses, wovon dieses Phänomen seinen Namen bekommen hat: *Treibhauseffekt*.

Nach der aktuellen wissenschaftlichen Definition trägt der in hohen Luftschichten befindliche Wasserdampf zu zwei Dritteln die Schuld an dieser verminderten Rückstrahlung. Zu einem Viertel ist daran Kohlendioxid, zu etwa 2 % sind Methan und zu rund einem Zehntel andere klimawirksame Substanzen beteiligt. Diese im eigentlichen Sinne natürliche Eigenschaft der Atmosphäre hebt die durchschnittliche Temperatur der Erdoberfläche um etwa 30 °C an. Ohne dieses Phänomen wäre es also um einiges kälter auf unserem Planeten.

Wird heutzutage vom *Treibhauseffekt* gesprochen, ist damit eine über das natürliche Maß hinausgehende Erwärmung der Erde gemeint. Einige Klimamodelle sagen in den nächsten 50 Jahren eine globale Temperaturerhöhung um 1,5 bis 4,5 °C voraus. Diese deutliche Erwärmung wird der Konzentrationszunahme von Kohlendioxid, Methan, FCKW, Distickstoff-Oxid sowie anderer Spurengase zugeschrieben, die auf die Industrialisierung der Menschheit zurückgeführt wird.

Seit dem ersten Klimagipfel in Rio de Janeiro im Jahr 1992 diskutieren die Teilnehmerstaaten über eine geeignete gemeinsame Vorgehensweise, um diese von den Menschen verursachte Temperaturerhöhung einzudämmen. Zunächst einigte man sich auf die Agenda 21, die keine konkreten Vereinbarungen beinhaltete. Erst im Jahr 1997 verständigten sich insgesamt 160 Staaten in der japanischen Stadt Kyoto auf die Verringerung ihres Schadstoffausstoßes. Die Industrieländer verpflichteten sich, ihre Emissionen an Kohlendioxid und Treibhausgasen bis zum Zeitraum 2008 bis 2012 um durchschnittlich 5,2 % gegenüber dem Vergleichsjahr 1990 zu senken. Offiziell in Kraft getreten ist das Kyoto-Protokoll erst 2005. Die Vereinigten Staaten von Amerika, damals der weltweit größte CO_2-Emittent, distanzierten sich jedoch zunächst ebenso wie einige weitere Nationen von dieser Vereinbarung.

Die im Protokoll vereinbarten Maßnahmen sollen Anreize schaffen, Emissionen zu reduzieren. Der Beschluss nennt verschiedene Instrumente, mit denen die Emissionsziele erreicht werden können, wie zum Beispiel den internationalen Emissionshandel.

Die Europäische Union (EU) hat im Zuge dieser Vereinbarung zugesichert, ihre CO_2-Emissionen um 8 % bis zum Zeitraum 2008 bis 2012 zu reduzieren. Wegen der unterschiedlichen Lastverteilung innerhalb der EU hat die Bundesrepublik Deutschland 21 % zugesichert, während anderen europäischen Ländern ein Anstieg ihrer Zahlen zugestanden wurde (z. B. Griechenland: +25 %). Bis zum Jahr 2020 war ursprünglich eine Emissionsreduktion von 30 % und bis 2040 von 70 % angepeilt worden. Diese Zielsetzung wurde jedoch in zahllosen Verhandlungen aufgegeben. Ende 2008 stimmte das EU-Parlament stattdessen dafür, 20 % Treibhausgasemissionsverminderung bis 2020 anzupeilen.

Momentan emittieren fast alle Länder eher mehr als weniger Kohlendioxid gegenüber 1990. Dass Russland gemäß Abbildung 11 zumindest von 1990 zu 2003 eine löbliche Ausnahme bildete, lag vorrangig am Zusammenbruch der Industrie nach dem Zerfall der Sowjetunion, von dem sich die dortige Wirtschaft nur allmählich erholte. Speziell die Vereinigten Staaten von Amerika, die für einen Großteil des weltweiten CO_2-Ausstoßes verantwortlich sind, steigerten ihren Anteil in der Vergangenheit deutlich. Mittlerweile gibt es allerdings auch von Seiten der US-Regierung deutliche Signale der Einsicht. Selbst dort wird der

ABB. 11: ENTWICKLUNG DER KOHLENDIOXIDEMISSIONEN WELTWEIT *[Mio. t CO_2]*

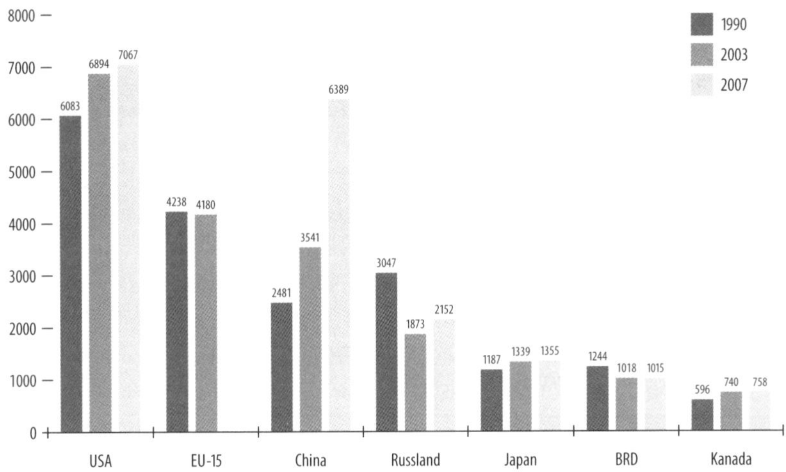

Quellen: UNFCCC, Bundesministerium für Wirtschaft und Technik

Klimawandel inzwischen als ernst zu nehmendes Problem angesehen. 2008 löste China offiziell die USA als Haupt-CO_2-Emittent ab.

Deutschland bildet bei der CO_2-Reduzierung fast schon eine Ausnahme und verfügt im Bereich der erneuerbaren Energien sowie bei der Klimadebatte über eine gewisse Vorreiterrolle. Die Bundesregierung erklärte 2007 in einer Regierungserklärung, der Ausstoß von Kohlendioxid solle in Deutschland bis zum Jahr 2020 gegenüber dem Vergleichsjahr 1990 um 40 % reduziert werden. Diese Vorgabe wird nach einhelliger Meinung als sehr ambitioniert bewertet. 2009 lag die Absenkung bei 28,7 %.

Gemeinsame Schritte zur Eindämmung der Kohlendioxidemissionen speziell im Fahrzeugsektor kommen nur langsam voran. Lange Zeit konnte europaweit keine Einigung bei der Beschränkung des CO_2-Ausstoßes von Neuwagen erzielt werden. Eine Festlegung des Kohlendioxidausstoßes auf 120 g/km scheiterte an der Lobbyarbeit insbesondere deutscher Automobilkonzerne, so dass sich der EU-Umweltministerrat 2008 auf einen Grenzwert von 130 Gramm CO_2 pro Kilometer verständigte. Ein Grenzwert von 120 g CO_2 pro Kilometer soll erst ab 2015 gelten.

2.4.4 Schadstofffreisetzung

Je nach Energiewandlung und Einsatzgebiet werden verschiedene Energieträger verwendet. Dementsprechend unterschiedlich sind die Mengen sowie die Zusammensetzungen der jeweiligen Emissionen (Abb. 12). Für den Straßenverkehr werden vorrangig Otto- und Diesel-Motoren eingesetzt, die Benzin beziehungsweise Dieselöl verbrennen. In Kraftwerken können je nach Bauart Braun- oder Steinkohle, Erdgas und auch Erdöl verfeuert werden.

Im gesamten Verkehrssektor (Straßen-, Schienen-, Wasser- und Luftverkehr) werden über 60 % der insgesamt anfallenden NO_X-Emissionen abgegeben. Der Verkehr ist darüber hinaus für über 55 % der CO-Emissionen verantwortlich, wobei der maßgebliche Anteil im Straßenverkehr von Pkw freigesetzt wird. Außerdem kommt mehr als ein Sechstel aller Kohlendioxidemissionen aus dem Fahrzeugsektor.

Staubemissionen sind nicht erst seit der Feinstaubdebatte von 2005 ein Problem. Im Kfz-Sektor wird mittlerweile zwar gegen den weiteren Partikelausstoß vorgegangen, indem beispielsweise einige Städte Umweltzonen eingerichtet haben. Der Hauptemittent von Feinstaub ist jedoch die Industrie mit ihrer Vielzahl an chemischen und thermodynamischen Prozessen. Staub kann daher die unterschiedlichsten chemischen Zusammensetzungen aufweisen. Er sollte jedoch nicht mit Ruß verwechselt werden, der beispielsweise in Dieselaggregaten freigesetzt wird und an dem karzinogene polyzyklische Kohlenwasserstoffe haften können.

Die im Verkehrssektor seit Jahren gültigen EURO-Abgasnormen (s. Tab. 3) spiegeln recht gut wieder, wie neue Techniken zu einer schrittweisen Eindämmung der Emissionen beigetragen haben. Die Regulierung der Schadstoffgrenzwerte, die es seit 1970 gibt, hat entscheidend daran mitgewirkt, dass die meisten Neufahrzeuge heute verglichen mit der Zeit vor der Abgasregulierung deutlich sauberer sind.

ABB. 12: VERGLEICH VERSCHIEDENER SCHADSTOFFQUELLEN

Emissionen unterteilt nach Sektoren in Deutschland [Anteil in %; 100%=1,0]

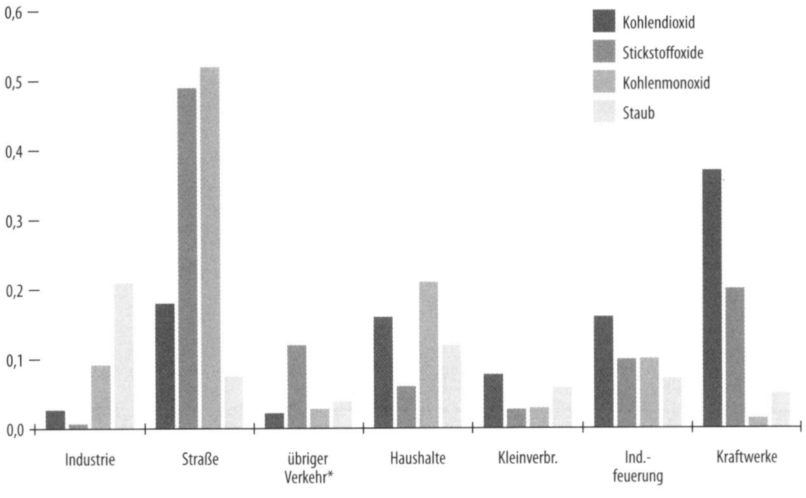

*: Land-, Forst und Bauwirtschaft, Militär-, Schienen-, Wasser- und Luftverkehr

Quelle: Bundesministerium für Wirtschaft, 1999

TAB. 3: EURO-GRENZWERTE IN MG/KM BEI BENZIN/DIESEL

	EURO 1	EURO 2	EURO 3	EURO 4	EURO 5	EURO 6
gültig ab	1.7.1992	1.1.1996	1.1.2000	1.1.2005	1.9.2009	1.1.2014
CO	3160	2200/1000	2300/640	1000/500	1000/500	1000/500
($HC + NO_x$)	1130	500/700	/560	/300	/230	/170
NO_x			150/500	80/250	60/180	60/80
HC			200/	100/	100/	100/
PM	/180	/80	/50	/25	/5	/5

2.5 Förderung & Besteuerung

Einen nicht unerheblichen Einfluss auf die Entwicklung im Energiesektor haben die politischen Rahmenbedingungen. Ein wichtiges Instrument zur Unterstützung alternativer Energietechniken ist dabei die Förderpolitik.

Das bekannteste Förderinstrument im stationären Energiesektor dürfte das Erneuerbare-Energien-Gesetz (EEG, Einführung 1. April 2000) sein, das erheblich zur Etablierung der regenerativen Energien beigetragen hat. Im EEG ist geregelt, dass Stromerzeuger das Recht haben, Strom aus erneuerbaren Energien in das Netz einzuspeisen. Demgegenüber sind die Netzbetreiber verpflichtet, eine festgelegte Mindestvergütung an den jeweiligen Erzeuger zu zahlen. Die Kosten dafür werden nach dem Verursacherprinzip auf alle Stromkunden verteilt: Wer wenig Elektrizität verbraucht, zahlt auch wenig. Per Definition handelt es sich somit um keine staatliche Beihilfe oder Subvention. Ähnlich dem EEG zur Förderung nachhaltig erzeugten Stroms ist mittlerweile auch ein Wärme-EEG eingeführt worden.

Zur Förderung alternativer Kraftstoffe gab es im Jahr 2001 von Seiten der Europäischen Kommission einen Aktionsplan und zwei Richtlinienvorschläge. Die Kommission war der Ansicht, dass Kraftstoffe aus landwirtschaftlichen Rohstoffen (d.h. Biokraftstoffe) kurz- bis mittelfristig gute Aussichten böten, sukzessive die fossilen Energieträger zu ersetzen. In dem Aktionsplan wurde eine Strategie skizziert, durch die im Straßenverkehrssektor eine allmähliche Substitution herkömmlicher Otto- und Diesel-Kraftstoffe durch Alternativsprit erreicht werden sollte. Als aussichtsreiche Kandidaten mit realistischen Chancen auf dem Kraftstoffmarkt wurden genannt:

1. kurzfristig: Biokraftstoffe der 1. Generation (Biodiesel, Rapsöl, Ethanol)
2. mittelfristig: Erdgas
3. langfristig: Wasserstoff

Als geeignete Maßnahme zum Erreichen dieser Ziele wurde die Festlegung eines Mindestanteils von Biokraftstoffen an allen verkauften Kraftstoffen vorgeschlagen. Dieser Vorschlag ist inzwischen in der EU-Richtlinie 2003/30/EG umgesetzt worden.

Vom 1. Januar 2004 an gab es zudem eine Steuerbefreiung für Biokraftstoffe, die nach damaliger Vorgabe eigentlich bis zum 31.12.2009 erhalten bleiben sollte. Auf diese Weise sollte in allen EU-Mitgliedsstaaten erreicht werden, dass bis zum Jahr 2010 rund 5,75 % aller mineralölischen Kraftstoffe durch biogene substituiert werden. Nach damaliger Planung sollte der Anteil im Jahr 2020 bei 10 % liegen. Das erklärte Ziel lautete, die Abhängigkeit von Rohölimporten zu senken.

Die Bundesrepublik änderte jedoch im Sommer 2006 diese EU-Vorgaben. Trotz erheblicher Proteste aus der Biobranche beschloss die Regierungskoalition, Biokraftstoffe ab dem 1.8.2006 stufenweise zu besteuern (s. Tab. 4). Für reinen Biodiesel fielen bei der Einführung des novellierten Energiesteuergesetzes zunächst Abgaben in Höhe von neun Cent pro Liter an. Am 1.1.2008 erhöhte sich der Steuersatz auf 15 Cent pro Liter reinen Biodiesels und auf 10 Cent pro Liter reinen Pflanzenöls.

TAB. 4: MINERALÖLSTEUER AUF REINE BIOKRAFTSTOFFE

Jahr	Biodiesel Cent/Liter	Pflanzenöl Cent/Liter
2006	9	-
2007	9	-
2008	15	10
2009	21	18
2010	27	26
2011	33	33
2012	45	45

Diese Steuersätze basierten auf der Berechnung der Bundesregierung, gemäß der Biokraftstoffe zuvor besser gestellt waren als fossiler Sprit. Reiner Biodiesel und auch Beimischungen waren vorher steuerfrei, was nach Meinung der Regierung eine *Überkompensation* gegenüber fossilem Diesel darstellte. Biokraftstoffe sind zwar in der Herstellung kostenintensiver als fossiler Kraftstoff (s. Tab. 5), aber das dürfte – nach Politikermeinung – nicht dazu führen, dass man gänzlich auf eine Besteuerung verzichtet.

In der Konsequenz nahm der Absatz von Biokraftstoffen der ersten Generation in den Folgemonaten spürbar ab. Insbesondere Anfang 2008 gingen zahlreiche Biodiesel-Hersteller und -Tankstellenbetreiber Pleite. Der Markt für reinen Biodiesel wurde für tot erklärt. Wegen zahlreicher Proteste wurde allerdings die für 2009 geplante Steuererhöhung um sechs Cent pro Liter auf drei Cent pro Liter beschränkt.

Zum 1. Januar 2007 folgte zudem die Einführung des Biokraftstoffquotengesetzes (BioKraftQuG). Dieses sieht vor, dass der geforderte Anteil biogenen Sprits zu

TAB. 5: BERECHNUNGSGRUNDLAGE DER ÜBERKOMPENSATION BEI BIODIESEL

	Kosten bei Reinkraftstoff [EUR/l]	Kosten bei Beimischung [EUR/l]
Rapsölpreis frei Ölmühle	0,49	0,49
Raffination	0,04	0,04
Veresterung	0,07	0,07
Beimischungskosten	-	0,03
Logistik	0,08	0,08
Techn. Mehraufwand	0,03	-
Mehrverbrauch	0,05	-
Summe (netto)	**0,76**	**0,71**
Preis fossiler Diesel 2004	0,81	0,81
Überkompensation	**0,05**	**0,10**

Quelle: Bericht zur Steuerbegünstigung für Biokraft- und Bioheizstoffe vom 21.06.2005, Bundesdrucks. 15/5816

Dieselkraftstoff zunächst 4,4 Vol.-% beträgt. Der entsprechende Kraftstoff wird dann als **B5** bezeichnet: Diesel mit bis zu 5 Vol.-% Biodieselbeimischung. Ursprünglich sollte dieser Anteil ab 2009 6,25 % betragen. Die im Jahr 2008 sehr vehement geführte Debatte um Vor- und Nachteile von Biokraftstoffen führte jedoch dazu, dass die Beimischungsquote des Agrarsprits bei Diesel zwischenzeitlich auf 5,25 % beschränkt wurde. Für den Zeitraum von 2010 bis 2014 sind 6,25 % vorgesehen. Der so genannte B7-Diesel ist damit der Regelkraftstoff für Dieselfahrzeuge, bevor dann ab 2015 die Biokraftstoffe der zweiten Generation eingeführt werden.

Bei Ottokraftstoff betrug die Mindestquote 2007 zunächst 1,2 %. 2008 stieg sie auf 2 %. Ursprünglich war vorgesehen, die Mindestquote von Bioethanol an Benzin auf 10 % festzulegen (E10). Das damalige Ziel der Bundesregierung lautete, bis zum Jahr 2020 einen Anteil von 17 % Bioenergie im Kraftstoffbereich zu erzielen. Im Frühjahr 2008 kam es jedoch zu einem Stopp dieser Pläne, jedenfalls was die biogenen Anteile in Ottokraftstoffen betraf. Es hatte sich herausgestellt, dass zahlreiche Altfahrzeuge in Deutschland einen Anteil von 10 % Ethanol im Kraftstoff nicht vertragen. Die betroffenen Autohalter hätten bei Einführung von E10 (Super-Kraftstoff mit Ethanolbeimischung) den deutlich teureren Super-Plus-Kraftstoff tanken müssen, was insbesondere sozial Schwächere unangemessen belastet hätte. Aus diesem Grund nahm die damalige Regierung Abstand von ihren ursprünglichen Plänen und beließ es bei einer Beimischungsquote von 5 % bei Benzin. E85, ein Kraftstoff-Mix aus 85 % Ethanol und 15 % Benzinbeimischung, wurde hingegen als besonders förderungswürdig eingestuft und ist bis 2015 von der Mineralölsteuer befreit.

Das Ziel der EU lautet weiterhin, bis zum Jahr 2020 einen Biokraftstoffanteil von 10 % am Kraftstoffmarkt zu erreichen.

Währenddessen entwickeln sich die konventionellen Fahrzeugkraftstoffe Benzin und Diesel ebenfalls weiter und passen ihre Eigenschaften an die veränderten politischen Rahmenbedingungen an. So wie vor Jahren das bleifreie Benzin Einzug in die Speicherbehälter der Tankstellen hielt, findet derzeit eine zunehmende Verdrängung des umweltschädlichen Schwefels statt. Seit dem 1. Januar 2003 sind an deutschen Tankstellen flächendeckend schwefelfreie Kraftstoffe

ABB. 13: ENTWICKLUNGEN IM STRASSENVERKEHR
[Links: NO_x-Emissionen [kt/a]]; [Rechts: Fahrleistung [Mrd. km/a]]

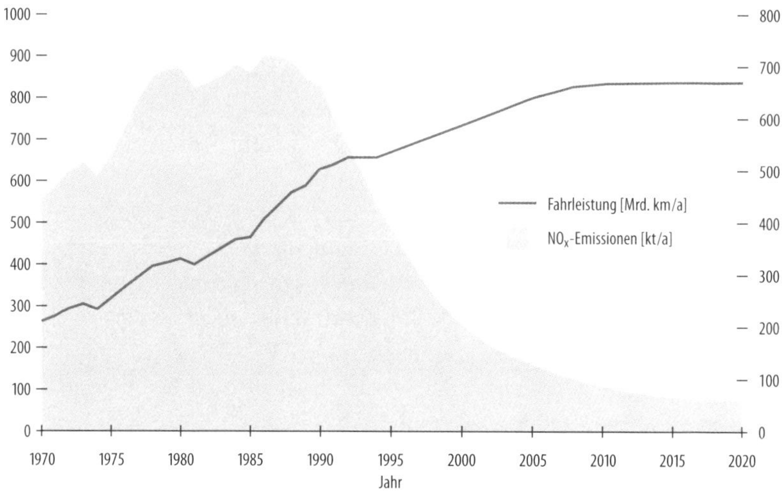

[Prüller, 2001]

(Diesel und Benzin) erhältlich, obwohl dies in der EU erst seit 2009 verbindlich vorgeschrieben war. Als *schwefelfrei* gelten Kraftstoffe mit einem Gehalt von weniger als 10 ppm (parts per million) Schwefel. Diese Spritsorten können mit allen Autotypen problemlos getankt und gefahren werden.

Für die Umwelt sind mit schwefelfreien Brennstoffen deutliche Vorteile verbunden: Gegenüber schwefelhaltigen Kraftstoffen wird bei Katalysatorfahrzeugen eine Verringerung des Abgasausstoßes von Stickoxiden und flüchtigen Kohlenwasserstoffen um rund 40 % erzielt. Diese Emissionen sind mitverantwortlich für den Sommersmog, das Waldsterben, die Versauerung von Böden sowie die Verwitterung von Gebäuden und Denkmälern. Die Treibstoffe sind darüber hinaus eine Voraussetzung für den Einsatz sparsamer Motortechniken (z. B. für direkt einspritzende Benzinmotoren, Magerkonzept) sowie für Dieselrußfilter.

Es gibt somit zahlreiche Ansätze, mit Hilfe neuer Techniken die Kraftstoffe zu modifizieren und dadurch deren Schadstoffausstoß zu reduzieren. Ebenfalls von Vorteil aus Sicht der Umwelt ist, dass trotz des Anstiegs der Fahrleistung zukünftig mit einem verminderten Kraftstoffbedarf gerechnet wird, weil der Verbrauch neuer Fahrzeuge in der Regel niedriger als bei Altfahrzeugen ist. Von Seiten der Mineralölindustrie wird erwartet, dass ein deutlicher Rückgang beim Benzinverbrauch innerhalb Deutschlands auftreten wird. Im Jahr 2020 wird der Verbrauch unter anderem wegen sparsamerer Motoren voraussichtlich um 40 % unter dem Verbrauch des Jahres 2000 liegen und nur noch 17 Mio. t betragen. Beim Dieselverbrauch wird ein Rückgang von 28,9 Mio. t auf 28 Mio. t erwartet. Insgesamt könnte der Mineralölverbrauch bis 2020 um 16 % sinken.

2.6 Entwicklung

Bei der Analyse der vorangegangenen Verbrauchs- und Schadstoffdaten sowie der politischen und wirtschaftlichen Rahmenbedingungen kommt man nicht umhin zu fragen, wie die weitere Entwicklung aussehen wird. Dazu hier ein erster kurzer Ausblick auf die zukünftige Energieversorgung.

2.6.1 Wirtschaftliche Betrachtung

Der weltweite Energiebedarf wird voraussichtlich – abgesehen von kurzfristigen Schwankungen – weiter steigen. Es ist zu erwarten, dass er bis zum Jahr 2015 gegenüber dem Referenzjahr 1995 um über 50 % zunimmt. Wenn keine radikale Trendwende eintritt, wird der überwiegende Anteil davon weiterhin durch die Verbrennung fossiler Energieträger gedeckt werden. Damit verbunden wäre:

- eine weitere Reduzierung der natürlichen Vorkommen
- eine weitere Zunahme der Umweltbelastung
- eine weitere globale Klimaerwärmung

Dem kann am besten entgegengewirkt werden, indem Energie eingespart wird. Die Investitionen in effizientere Technologien sind in den vergangenen Jahren sprunghaft angestiegen, was der Umwelt zugute kommt. Die Hauptargumente für den Einsatz effizienterer Energietechniken sind dabei nicht nur ökologischer Natur, sondern auch ökonomische Gesichtspunkte, wie die Preisanstiege für Öl, Gas und Strom gezeigt haben.

Die große wirtschaftliche Bedeutung regenerativer Energieerzeugung und alternativer Kraftstoffe ist mittlerweile sowohl auf deutscher als auch auf europäischer Ebene erkannt worden. Das liegt nicht zuletzt daran, dass die Wirtschaft maßgeblich von dieser Entwicklung profitiert. Die Zahl der Arbeitsplätze im Bereich der erneuerbaren Energien ist deutlich gestiegen. Ende 2010 waren etwa 340.000 Menschen in diesem Wirtschaftszweig beschäftigt (s. auch Abb. 14).

In den konventionellen deutschen Wirtschaftsmärkten, die jahrzehntelang das industrielle Rückrad bildeten, geht es hingegen genau andersherum. Im

ABB. 14: VERGLEICH DER ARBEITSPLÄTZE IM ENERGIESEKTOR 2006 [*Arbeitsplätze in 1.000*]

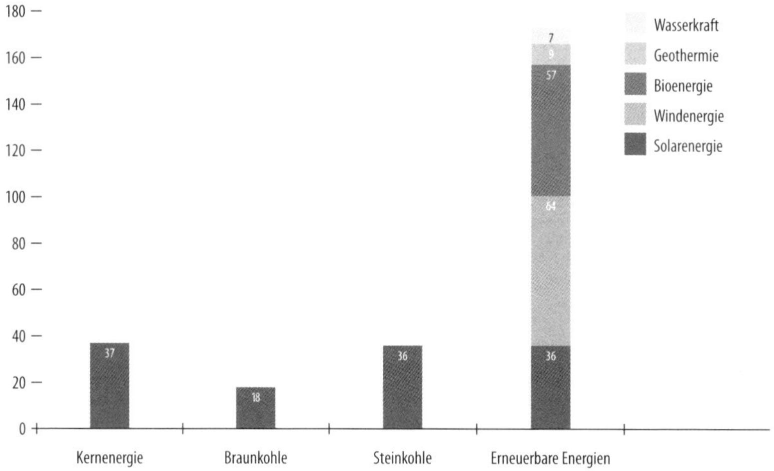

Quellen: Jahrbuch Erneuerbare Energien, unendlich viel energie

Steinkohlebergbau waren 1990 rund 130.000 Menschen beschäftigt. Ende 2005 waren es nur noch 36.000. Bei den Energieversorgern wird ebenfalls fleißig entlassen, obwohl die Bilanzen so gut wie nie zuvor aussehen. Auch die Automobilindustrie steckt in der schwersten Krise ihrer Geschichte.

2.6.2 Technische Betrachtung

Zur kurzfristigen technischen Umsetzung einer nachhaltigen Strategie im Kfz-Sektor bieten sich grundsätzlich zwei Wege an:

1. Die eine Variante ist die Optimierung bereits vorhandener Techniken. Hierbei wird versucht, ausgereifte Technologien, die mittlerweile über 100 Jahre an Entwicklung hinter sich haben, so zu verbessern, dass der Wirkungsgrad noch weiter steigt und die Emissionen noch weiter sinken. Dies birgt jedoch gewisse Schwierigkeiten in sich, weil die Potentiale in vielen Bereichen schon sehr weit ausgereizt sind. Die Motoren- und Anlagentechnik stößt teilweise bereits an ihre Grenzen, so dass eine weitere Anhebung der Wirkungsgrade nur noch geringfügig möglich ist.
2. Die andere Variante ist die verstärkte Nutzung bisher noch nicht vollständig etablierter Energieträger (z. B. Biokraftstoffe, Erdgas, Flüssiggas, Wasserstoff und Strom). Die Technik für derartige Kraftstoffe ist bereits vorhanden, aber noch nicht so weit ausgereift wie bei Benzin und Dieselöl. Sie bietet jedoch die Möglichkeit, mit sofortiger Wirkung den Schadstoffausstoß zu verringern, weil selbst Erdgas umweltschonender verbrennt als Erdöl. Darüber hinaus werden auf diesem Weg die Mineralölvorkommen geschont, damit diese noch möglichst lange für andere (sinnvollere) Zwecke genutzt werden können.

Kurz- und mittelfristig (zwei bis zehn Jahre) steht die Etablierung dieser alternativen Energietechniken im Focus, wobei viele Hoffnungen auf die Biokraftstoffe der zweiten Generation gelegt werden. Flüssiggasautos können bereits heute als gut etabliert angesehen werden. Langfristig (10 bis 20 Jahre) steht die Einführung einer Strom- und Wasserstoffinfrastruktur an.

2.6.3 Thermodynamische Betrachtung

Im Zuge des Wandels der von den Menschen genutzten Brennstoffe ist ein gewisser Trend festzustellen:

→ *weg vom Kohlenstoff*

Wurden in früheren Zeiten über Jahrtausende hinweg Energieträger wie beispielsweise Holz und Kohle genutzt, die einen sehr hohen Kohlenstoffanteil aufweisen, verringerte sich dieser Anteil im Laufe der Zeit immer weiter:

· Erdöl enthält weniger Kohlenstoffatome als Kohle.
· Erdgas (Methan) wiederum besitzt weniger C-Atome als Öl.

Deswegen spricht man hier von einer fortschreitenden *Entkarbonisierung* oder auch *Decarbonisierung.*

Über die Jahrzehnte betrachtet reduzierte sich der gewichtsspezifische (gravimetrische) Anteil von Kohlenstoff in den Brennstoffen. Liegt der C-Anteil bei den konventionellen Kraftstoffen bei 84 Gramm pro Mol (Benzin) beziehungsweise bei 120 g/mol (Diesel), liegt er bei den so genannten alternativen Kraftstoffen nur bei der Hälfte (Butan verglichen mit Benzin) beziehungsweise bei einem Zehntel (Methan verglichen mit Diesel). Im Gegenzug nahm der prozentuale Anteil von Wasserstoff stetig weiter zu, auch wenn der absolute Anteil abnahm (s. Abb. 15).

Der eigentliche Energielieferant in vielen Kraftstoffen ist demnach der Wasserstoff. Die negative Verbrennungsenergie (abgegebene Reaktionswärme ΔH) von Wasserstoff bezogen auf ein Mol dieses Mediums ist zwar niedriger als die von Kohlenstoff (s. Formel). Bei einer gravimetrischen Betrachtung sieht dies jedoch genau andersherum aus. Bei der Verbrennung von einem Gramm reinen Wasserstoffs wird viermal mehr Energie freigesetzt als bei der Oxidation eines Gramms Kohlenstoff.

H-Oxidation:
$H_2 + \frac{1}{2} O_2 \rightarrow H_2O$ $\Delta H = -67\,Wh/mol = -39{,}2\,Wh/g$

C-Oxidation:
$C + O_2 \rightarrow CO_2$ $\Delta H = -109\,Wh/mol = -9{,}2\,Wh/g$

Ein weiteres Unterscheidungsmerkmal der verschiedenen Kraftstoffe ist ihr thermisches Verhalten: Einige Substanzen sind unter Umgebungsbedingungen flüssig, andere gasförmig. Diese verschiedenen Aggregatzustände sowie ihre unterschiedlichen Siedepunkte lassen sich ebenfalls auf ihre Zusammensetzung zurückführen:

Je größer der C-Anteil, desto höher liegt die Siedetemperatur.

ABB. 15: KOHLENSTOFF/WASSERSTOFF-ANTEILE UND SIEDEPUNKTE VERSCHIEDENER KRAFTSTOFFE
[Molmasse g/Mol]

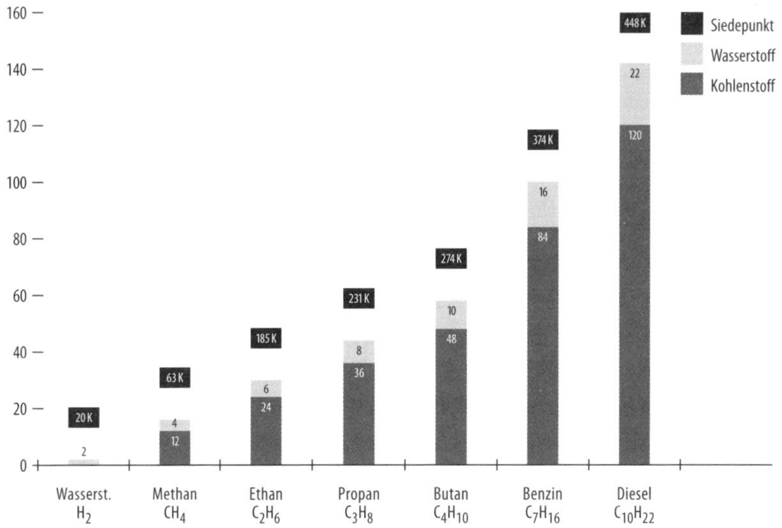

Benzin und Diesel können wegen ihres komplexen Kohlenwasserstoffgeflechtes flüssig gespeichert werden, während alle anderen erwähnten Kraftstoffe bei Normaltemperatur Gase sind und in Druckbehältern aufbewahrt werden.

Der Kohlenstoffanteil der Energieträger ist beim Thema Umweltschutz ein ganz entscheidender Punkt, weil viele der freigesetzten Kohlenstoffverbindungen gesundheitsschädlich sind. Ihr Ausstoß wird deswegen gesetzlich reglementiert, weshalb man sie (CO, C_nH_m, Ruß) als *limitierte Emissionen* bezeichnet. CO_2 wird in der öffentlichen Diskussion zwar häufig mit dazugezählt, gilt aber korrekterweise als Umweltgas und nimmt damit eine Sonderstellung ein (s. Kap. 2.4.3).

Benzin- und Diesel-Kraftstoffe werden seit über 100 Jahren im Fahrzeugbereich eingesetzt. Sie besitzen einen relativ hohen C-Anteil und erzeugen dementsprechend viele gesundheitsschädliche Kohlenstoffverbindungen. Darüber hinaus verbrennen sie bei relativ hohen Temperaturen, so dass unerwünschte NO_x-Emissionen freigesetzt werden. Der jahrzehntelange alltägliche Umgang mit diesen Kraftstoffen täuscht darüber hinweg, wie gefährlich diese so genannten konventionellen Kraftstoffe eigentlich sind: Eine Analyse der Sicherheitsdatenblätter zeigt, dass die Inhalation dieser Substanzen zum Tod führen kann. Auch die Gefahr von Benzindämpfen, die sich bei der Freisetzung bodennah ausbreiten und leicht entzünden können, wird häufig unterschätzt.

Dieselöl ist im direkten Vergleich zwar nicht so leicht entzündlich wie Benzin, dafür weisen die Abgase aber ein unkalkulierbares Gesundheitsrisiko auf. Es ist nach wie vor nicht endgültig geklärt, wie hoch ihr karzinogenes Potential ist. Die Rußpartikel neuer Motoren sind zwar relativ klein, so dass man sie nicht mehr so deutlich sieht (keine schwarze Rußwolke), aber sie sind leichter lungengängig. Die kleinen Partikel können weit in die Lunge eindringen und sich dort festsetzen. Die angelagerten polyzyklischen aromatischen Kohlenwasserstoffe könnten dadurch für eine Erhöhung des Krebsrisikos verantwortlich sein.

Diese Darlegungen zeigen, dass alle heutigen Energieträger über ein gewisses Gefährdungspotential verfügen. Würde heutzutage über die Einführung von Benzin oder Diesel als Fahrzeugkraftstoffe entschieden, würden die damit verbundenen Sicherheitsrisiken wahrscheinlich als unzumutbar beurteilt werden. Die Suche nach Alternativen ist somit dringend notwendig.

3 DIESEL-ALTERNATIVEN

3 DIESEL-ALTERNATIVEN

3.1 Biodiesel

3.1.1 Eigenschaften

Biodiesel ist als alternativer Kraftstoff für den Antrieb von Fahrzeugen durchaus geeignet, allerdings nur für Dieselmotoren, nicht für Ottomotoren. Das Ausgangsprodukt von Biodiesel ist in der Regel Rapsöl. Deswegen wird Biodiesel häufig auch mit seiner chemischen Bezeichnung *Rapsölmethylester* (RME) benannt. Als Ausgangsmaterial können aber aus technischer Sicht auch Sonnenblumen- und Sojaöl verwendet werden.

Die Zusammensetzung von Biodiesel wird nach der europäischen Qualitätsnorm DIN EN 14214 geregelt, auf die sich Fahrzeugindustrie, Biodieselhersteller und Vertreter der Mineralölwirtschaft in einem mehrjährigen Abstimmungsprozess verständigten. Damit wurde im Oktober 2003 die zuvor in Deutschland gültige nationale Norm (E DIN 51606) abgelöst. Der EU-Qualitätsstandard sieht eine Reihe von Verschärfungen gegenüber der bisherigen Norm vor und beinhaltet beispielsweise die Neuaufnahme des Parameters *Oxidationsstabilität.*

ABB. 16: ROHSTOFF FÜR BIODIESEL: RAPS

Für den offiziellen Verkauf ist nur dementsprechend zertifizierter Kraftstoff freigegeben. In der Anfangszeit der Biodieselnutzung gab es teilweise Tankstellen und Zulieferer, die sich nicht an diese Vorgaben hielten und dem Kraftstoff billige Komponenten beimischten, wodurch es teilweise zu Motorproblemen kam. Es empfiehlt sich daher, Biodiesel nur dort zu kaufen, wo ein DIN-Aufkleber auf den ordnungsgemäßen Zustand des Kraftstoffes hinweist.

TAB. 6: EIGENSCHAFTEN VON BIODIESEL

Dichte bei 15 °C	0,86 – 0,90 kg/l
Energiedichte	8,9 kWh/l
kinematische Viskosität bei 20 °C	7,5 mm^2/s
Cetan-Zahl	51 – 58
Flammpunkt	120 – 135 °C
Schmelzpunkt	–12 bis –22 °C
Kraftstoffäquivalent zu Diesel	0,91 l

Ein weiteres Gütesiegel ist AGQM®, das mittlerweile europaweit als Markenbezeichnung anerkannt ist. Dieses von der Arbeitsgemeinschaft Qualitätsmanagement Biodiesel e.V. herausgebrachte Qualitätssicherungskonzept sieht vor, dass motorentechnisch wichtige Parameter bestimmten Anforderungen genügen müssen, die noch über die DIN EN 14214 hinausgehen.

Biodiesel verfügt über sehr gute Schmiereigenschaften, was auf den relativ hohen Sauerstoffgehalt (11 %) sowie den chemischen Aufbau zurückzuführen ist. Der Verschleiß in der Einspritzpumpe sowie im Motor wird dadurch reduziert. Ein geringer Anteil Biodiesel als Zusatz zu konventionellem Dieselkraftstoff verbessert auch dessen Schmiereigenschaften, die aufgrund der Entschwefelung relativ niedrig liegen.

Biodiesel …

+ verfügt über einen höheren Energiegehalt als Benzin.
+ ist fast schwefelfrei.
+ enthält keine Aromate und kein Benzol.
+ besitzt eine gute Schmierfähigkeit.
+ reduziert die Rußemissionen durch den relativ hohen Sauerstoffgehalt (etwa 11 %).
+ wird aus nachwachsenden Rohstoffen hergestellt.
+ ist biologisch abbaubar.

+ gibt bei der Verbrennung etwa so viel Kohlendioxid ab, wie die Pflanze beim Wachstum aufgenommen hat.
+ gefährdet bei Unfällen nicht den Boden. Unter normalen Bedingungen werden innerhalb von 28 Tagen 99 % des Biodiesels durch Mikroorganismen „aufgefressen".
+ ist kein Gefahrgut (ungiftig).
+ unterschreitet die meisten Abgaswerte von herkömmlichem Diesel.
· verfügt über einen nur geringfügig niedrigeren Energiegehalt als Diesel.
· verfügt über eine Viskosität und einen Flammpunkt in ähnlicher Größenordnung wie herkömmlicher Dieselkraftstoff.
– zieht Wasser an (hygroskopisch).
– wirkt wie ein Lösungsmittel, greift Lack an, verdünnt Motoröl.
– kann bei einem zu hohen Wassergehalt und niedrigen Temperaturen den Kraftstofffilter zusetzen.
– kann Ablagerungen bilden (Glyzerin), die die Einspritzpumpe beschädigen.
– beinhaltet Alkali, das den Filter verstopfen kann.
– benötigt zur Umesterung Methanol, wodurch die Umweltbilanz beeinträchtigt wird, da Methanol aus fossilen Primärenergieträgern erzeugt wird.

Wird bei der Biodieselherstellung Ausgangsmaterial mit einem hohen Anteil von gesättigten Fettsäuren (z. B. Palmöl oder tierische Fette) gewählt, kann es zu Problemen bei niedrigen Temperaturen kommen, weil Biodiesel dann zähflüssig wird. Werden hingegen Rohstoffe mit einem hohen Anteil mehrfach ungesättigter Fettsäuren eingesetzt (z. B. Sonnenblumenöl), weist der Kraftstoff eine zu niedrige Oxidationsstabilität auf. Diese Unterschiede liegen daran, dass der Schmelzpunkt von Ölen und Fetten im Wesentlichen von der Anzahl der Doppelbindungen abhängt: Je mehr Doppelbindungen, desto niedriger ist der Schmelzpunkt. Optimal ist daher Rapsöl, das stabil und gleichzeitig im Auto auch bei −10 °C noch startfähig ist.

3.1.2 Herstellung

Biodiesel wird in erster Linie aus Raps, mitunter auch aus Palmöl hergestellt. Raps ist ein so genannter Tiefwurzler, der mit seiner tief reichenden Pfahlwurzel und seinen zahlreichen Nebenwurzeln verdichteten Boden durchdringt und somit für eine gute Durchlüftung des Erdreiches sorgt. Da die Pflanze elf Monate im Jahr den Boden bedeckt, verhindert sie unerwünschte Bodenerosion. Raps sollte jedoch nur alle vier Jahre angebaut werden. Der Anbau lässt sich somit gut in getreidereiche Fruchtfolgen integrieren, so dass Flächenstilllegungen vermieden werden können.

Rapssamen enthalten etwa 40 bis 45 % Öl. Dieses Öl wird durch das Auspressen und Extrahieren der Früchte oder der Samen in Ölmühlen gewonnen. Bei dieser Form der Herstellung bleibt üblicherweise ein Restölanteil von 2 bis 3 % im Schrot übrig. Bei einer ausschließlichen Kaltpressung ohne anschließende Extraktion beträgt die Ausbeute etwa 85 %.

Im Wesentlichen besteht das so gewonnene Öl aus Glyzerin und den an diesem angelagerten Fettsäuremolekülen (gradzahlige Kohlenwasserstoff-Ketten mit 16 bis 22 C-Atomen). Diese Verbindungen werden Triglyceride genannt. Die restlichen Bestandteile sind freie Fettsäuren, Vitamine, Wasser, Phosphorverbindungen und geringe Schwefelanteile. Beim Rapsöl ist das Glyzerinmolekül an drei lange Fettsäureketten (C_{18}-Ketten) gebunden. Diese reagieren bei der Biodieselverarbeitung (Umesterung) mit Methanol.

Das Hauptziel der Umesterung ist die Verringerung der Viskosität (von etwa 60 auf $4\,mm^2/sek$), damit ähnliche Eigenschaften wie von Dieselöl erreicht werden. Der Katalysator, der diese Reaktion unterstützt, kann 0,5 % Natronlauge (wasserfrei) sein. Bei diesem Prozess wird das langkettige, verzweigte Molekül gegen drei einzelne, kürzere Moleküle ausgetauscht. Es entsteht Fettsäuremethylester beziehungsweise Biodiesel. Häufig wird dafür auch die Bezeichnung Rapsmethylester (RME) und auch die englische Kurzform FAME (Fatty Acid Methyl Ester) verwendet.

Der gebildete Fettsäuremethylester zeigt eine gewisse Ähnlichkeit mit Cetan (linearer Kohlenwasserstoff mit 16 C-Atomen). Cetan ist relativ leicht zu entzünden und wird deshalb als Maß für die Zündwilligkeit von Dieselkraftstoff herangezogen (Cetan-Zahl).

Darüber hinaus entsteht bei der Verarbeitung Glyzerin (früher: Ölsüß), das selbst die alten Griechen schon kannten („glykys“). Diese süß schmeckende Substanz wird auch in der Pharma-, Kunststoff- und Lackindustrie genutzt.

Die Reaktion bei der Umesterung läuft folgendermaßen ab:

Triacylglycerin + Methanol + Katalysator = Fettsäuremethylester + Glycerin

Der speziell gezüchtete so genannte *Doppelnull-Raps* (00-Raps) kann einen Kornertrag von etwa vier Tonnen pro Hektar hervorbringen. Im Jahr 2007 ist der Anteil von Raps auf 1,5 Mio. Hektar, über 10 % der deutschen Ackerfläche, emporgeklettert. Insgesamt konnten 2,5 Mio. t Rapsöl gewonnen werden. Im Jahr 2006 lag der Ertrag noch nicht einmal halb so hoch. Seit 2007 bleibt die Gesamtanbaufläche konstant, auch wenn es in den einzelnen Bundesländern zum Teil leichte Verschiebungen gibt.

Die Anbaufläche von Raps in Deutschland ist nicht beliebig steigerbar, da der Boden nicht überall gleich gut geeignet ist. Die Biodieselmenge, die maximal erwirtschaftet werden kann, ist somit begrenzt und reicht bei weitem nicht aus, um alle Dieselfahrzeuge versorgen zu können. Um die gesamte heutige Dieselflotte in Deutschland mit Biodiesel betanken zu können, müsste etwa auf einem Drittel der Republikfläche Raps angebaut werden.

3.1.3 Absatz

Deutschland ist mit gut 50 % Marktanteil Weltmeister auf dem Biodieselmarkt. Mehr als die Hälfte der hier produzierten Gesamtmenge (2009: etwa 2,5 Mio. t) bleibt innerhalb Deutschlands. Davon werden etwa zwei Drittel direkt in Form von B100 (100 % Biodiesel) an Spediteure, Pkw-Fahrer und Landwirte geliefert. Etwa 40 % werden fossilem Diesel beigemischt. Die Vorreiter im Verkauf des alternativen Kraftstoffs auf Rapsbasis sind Nordrhein-Westfalen, Bayern und Niedersachsen.

Der Biodieselmarktanteil an der gesamten Kraftstoffmenge (Diesel & Benzin) betrug im Jahr 2005 in Deutschland noch überschaubare 2,9 %, der Anteil von Pflanzenöl lag gerade mal bei 0,33 %. Gegenüber dem EU-Durchschnitt war das zusammen aber damals schon mehr als das Doppelte. Nur vier Jahre später (2009) lag der Biospritanteil auf dem deutschen Kraftstoffmarkt bei 5,5 %.

Die hohe Steigerungsrate (bis 2007) lag nicht zuletzt an der zwischenzeitlichen Mineralölsteuerbefreiung. Diese führte unter anderem dazu, dass Biodiesel

ABB. 17: BIODIESEL-PRODUKTIONSMENGEN IN DEUTSCHLAND
Kapazität und Absatz [in t]

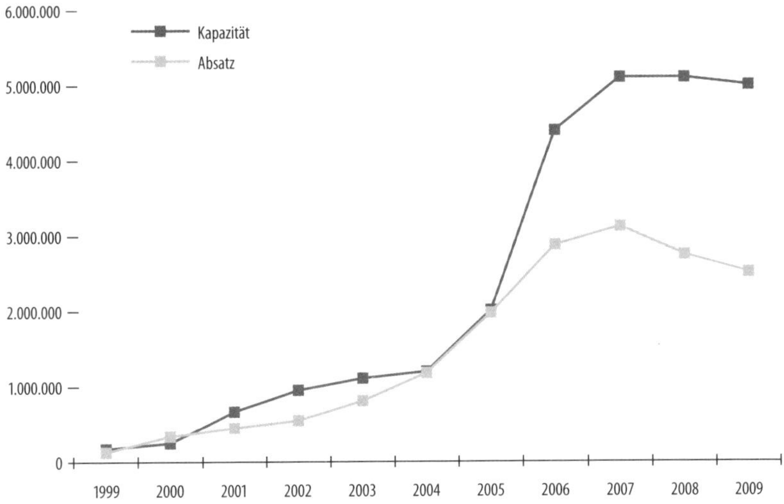

Quellen: Verband der Deutschen Biokraftstoffindustrie, UFOP

zeitweise an bis zu 1.900 Tankstellen in Deutschland angeboten wurde. Anfang 2009, nachdem Biokraftstoffe lange Zeit heftig in der Kritik gestanden hatten, waren es hingegen nur noch 250 Stationen.

Von 2004 bis 2007 kamen zudem große Mengen Biodiesels von Übersee nach Europa, wodurch der inländische Absatz niedriger ausfiel. US-amerikanische Biodieselhersteller brachten in diesem Zeitraum rund 1,1 Mio. t auf den deutschen Markt und nutzten dabei Subventionen der US-Regierung. Der US-amerikanische Energy Policy Act gewährte eine Verbrauchssteuergutschrift (Tax Credit) von 1 US-Dollar pro Gallone Biodiesel. Bei der Zumischung von Biodiesel zu mineralischem Dieselöl wurde mit dem so genannten *Blenders Credit* pro beigemischtem Prozentpunkt Biodiesel jeweils ein Cent erstattet. Amerikanische Unternehmen erschufen daher die Sorte B99 mit 99 % Biodieselanteil, damit sie eine maximale Förderung abgreifen konnten.

Rechenbeispiel:
99 % Biodiesel + 1 % Dieselöl =
99 Cent Erstattung pro Gallone Biodiesel =
26 Cent Erstattung pro Liter Biodiesel

Hinzu kam, dass US-amerikanische Händler den europäischen Außenzoll für Biodiesel in Höhe von 6,5 % umgehen konnten und die Ware als *Organic Chemicals* mit einem Null-Zollsatz nach Deutschland verkauften. Im Juli 2009 führten die EU-Finanzminister jedoch Anti-Dumping-Zölle ein.

Der Markt für B100 aus Deutschland war in Folge dieses Billigimports sowie der weltweit geführten Lebensmitteldiskussion und der zunehmenden Besteuerung von 2007 bis 2009 fast gänzlich weggebrochen. Er verzeichnete einen Absatzrückgang von 1,8 Mio. auf 240.000 t. Die Menge des zum fossilen Dieselkraftstoff beigemischten Biodieselanteils nahm im gleichen Zeitraum jedoch um 650.000 t zu.

3.1.4 Kosten

Nach der Novellierung des Mineralölsteuergesetzes waren ab Juni 2002 zunächst alle biologischen Kraftstoffe von der Steuer befreit, nachdem zuvor nur Pflanzenöl über dieses Privileg verfügte. Die Steuerbefreiung galt seitdem für

- Biodiesel
- Biogas
- synthetisches Benzin
- Bioethanol
- Biomethanol
- Wasserstoff aus Biomasse

Die damalige Erweiterung dieses Steuerprivilegs beruhte auf der Annahme von Verkehrs- und Umweltexperten, dass Biokraftstoffe künftig vermehrt zum Einsatz kommen würden. Das führte dann aber dazu, dass erhebliche Geldmengen am Finanzministerium vorbeiflossen und der Staat von den zunehmenden Anteilen biogener Kraftstoffe nichts abbekam. Die Rechtslage wurde daraufhin erneut geändert.

Am 1. August 2006 startete mit der Einführung des Energiesteuer- und Biokraftstoffquotengesetzes (EnStG & BioKraftQuG) die Besteuerung dieser biogenen Energieträger. Diese Gesetze hatten zur Folge, dass der finanzielle Vorteil von Biodiesel gegenüber fossilem Diesel schrumpfte. Lag die durchschnittliche Preisdifferenz zwischen Dieselkraftstoff und Biodiesel im Juni 2006 noch bei 12,7 Cent pro Liter, betrug sie im September desselben Jahres nur noch 6,7 Cent pro Liter. Bis dahin hatte Biodiesel im Durchschnitt 10 Cent pro Liter weniger als herkömmlicher Dieselkraftstoff gekostet.

2007 sah es in der Biokraftstoffbranche entsprechend schlecht aus. Ein maßgeblicher Anteil der deutschen Biodieselproduktionskapazitäten lag still, etliche klein- und mittelständische Hersteller sowie mehrere Ölmühlen mussten ihren Betrieb einstellen, ebenso wie viele der Biodieseltankstellen und Pflanzenölumrüstbetriebe. Besonders stark schlug die schrittweise Erhöhung der Besteuerung Anfang 2008 zu Buche, da mit dem 1. Januar der Steuersatz auf Pflanzenöl-Reinkraftstoffe um 8 Cent pro Liter angehoben wurde.

Wegen anhaltender Probleme der Biokraftstoffbranche entschied sich die Bundesregierung im Laufe des Jahres 2008, den nächsten Schritt der Steuererhöhung abzumildern, so dass Biodiesel Anfang 2009 nur um 3 Cent pro Liter und nicht um 6 Cent höher besteuert wurde. Bei Pflanzenöl wurde sie erneut um 8 Cent pro Liter erhöht, so dass die Steuerbelastung für beide Kraftstoffe 18 Cent pro Liter betrug. Nach aktueller Rechtslage wird ab 2013 ein Steuersatz von 45 Cent pro Liter fällig.

Autofahrer, die sich nicht aktiv für Biokraftstoffe entscheiden, sind trotzdem von all diesen Neuregelungen betroffen – zumindest indirekt. Durch die Beimischungspflicht tankt jeder Kfz-Nutzer automatisch einen gewissen Prozentsatz Biosprit mit.

3.1.5 Technik

Große technische Umrüstmaßnahmen sind für den Betrieb von Kraftfahrzeugen mit Biodiesel nicht notwendig. Insbesondere im Nutzfahrzeugsektor ist eine größere Anzahl an Modellen für Biodiesel gut geeignet, im Pkw-Sektor hingegen sind nicht alle Dieselfahrzeuge vom Hersteller für den Einsatz von Biodiesel freigegeben. Deswegen sollte vor der Betankung mit diesem Kraftstoff zunächst

ABB. 18: SMUDO MIT BIODIESELBETRIEBENEM FORD MUSTANG

Quelle: obs/THQ

eine Vertragswerkstatt oder der Hersteller konsultiert werden.

Auf einige Punkte sollte dabei besonders geachtet werden: Da Biodiesel wie ein Lösungsmittel wirkt, können bei der ersten RME-Betankung Dieselkraftstoffrückstände im Tank und in den Leitungen abgelöst werden und zu Filterverstopfungen führen. Der Filter sollte deswegen gewechselt werden, nachdem einige Tankfüllungen Biodiesel getankt wurden.

Wie bei herkömmlichem Dieselöl sollte zudem darauf geachtet werden, dass mit Kraftstoff in Berührung gekommene Lackflächen umgehend abgewischt werden. Eventuell kann es darüber hinaus ratsam sein, die Kraftstoffschläuche zu kontrollieren und auszuwechseln, da einige Kunststoffe beim Kontakt mit Biodiesel aufquellen und dadurch undicht werden können.

3.1.6 Umwelt

Die ökologische Bilanz von Biodiesel unter Einbeziehung des kompletten Lebensweges vom Anbau bis zur Nutzung kann unter Berücksichtigung der aktuellen technischen Entwicklungen als neutral eingestuft werden. Die Vielzahl der unterschiedlichen Herstellungspfade und auch die große Anzahl widersprüchlicher Studien lässt eine eindeutigere Beurteilung zum heutigen Zeitpunkt allerdings kaum zu.

Insbesondere die gegensätzliche Interessenslage von Mineralölkonzernen und Umweltverbänden hat dazu geführt, dass zahlreiche Analysen über die Vor- und Nachteile von Biodiesel angefertigt wurden, die jedoch aufgrund ihrer gegenteiligen Ergebnisse eher zur Verwirrung als zur Aufklärung beitrugen. Es lässt sich jedoch feststellen, dass ehemalige Befürworter von Biodiesel & Co. nach der Lebensmitteldebatte Anfang 2008 den Biokraftstoffen den Rücken kehrten.

Die Verwendung großer Mengen Biosprits wird mittlerweile äußerst kritisch betrachtet. Dies liegt unter anderem an den beträchtlichen Umweltbeeinträchtigungen, zu denen es bei einigen Produzenten kommt (z.B. Abrodungen von Urwäldern zum Bau von Palmölplantagen, Konkurrenz zur Lebensmittelindustrie). Innerhalb Deutschlands fällt die Klimabilanz bei der RME-Produktion neutral und die Energiebilanz gegenüber konventionellen Energieträgern zugunsten dieses Kraftstoffes aus, obwohl für den Anbau (Düngemittel und Feldarbeit mit Traktoren) und die Weiterverarbeitung auch fossile Energie verbraucht wird.

Die unklare Sachlage hat mittlerweile dazu geführt, dass die für Europa erarbeitete Richtlinie zur Förderung der Nutzung von Energie aus erneuerbaren Quellen (2009/28/EG) auch auf den Transportsektor ausgeweitet wurde. Diese EU-Richtlinie besagt, dass der Anteil erneuerbarer Energien bis zum Jahr 2020 mindestens 10% betragen soll, wobei gleichzeitig auf die Einhaltung bestimmter Nachhaltigkeitsanforderungen gedrungen wird. Biokraftstoffe müssen demnach zukünftig entsprechend zertifiziert sein und über Herkunftsnachweise verfügen. Auf diese Weise soll eine Vergleichbarkeit verschiedener Kraftstoffe aus unterschiedlichen Anbauregionen sichergestellt werden. Zukünftig wird die gesamte Energieumwandlungskette vom Anbau über die Verarbeitung bis zum Transport analysiert und daraus errechnet, wie groß bei der Nutzung des jeweiligen Biokraftstoffes die Vorteile für die Umwelt im Vergleich zum fossilen Kraftstoff sind. Zugelassen wird biogener Sprit nur noch, wenn das auf CO_2-Emissionen umgerechnete Umweltpotential mindestens 35% besser als bei Benzin beziehungsweise Diesel ist. Ab 2017 soll die Grenze bei 50% CO_2-Einsparungen liegen (s. Abb. 19).

Ein weiterer häufig angeführter Kritikpunkt beim Rapsanbau ist das entstehende Distickstoff-Monoxid (N_2O), besser bekannt unter dem Namen *Lachgas*. Dieses entsteht auf fast allen Acker- und Grünflächen als Nebenprodukt des natürlichen Stickstoffkreislaufes und verschlechtert die Umweltbilanz, da es als

ABB. 19: CO_2-EMISSIONEN VERSCHIEDENER BIOKRAFTSTOFFE NACH 2009/28/EG
[CO_2-Einsaprungen in %]

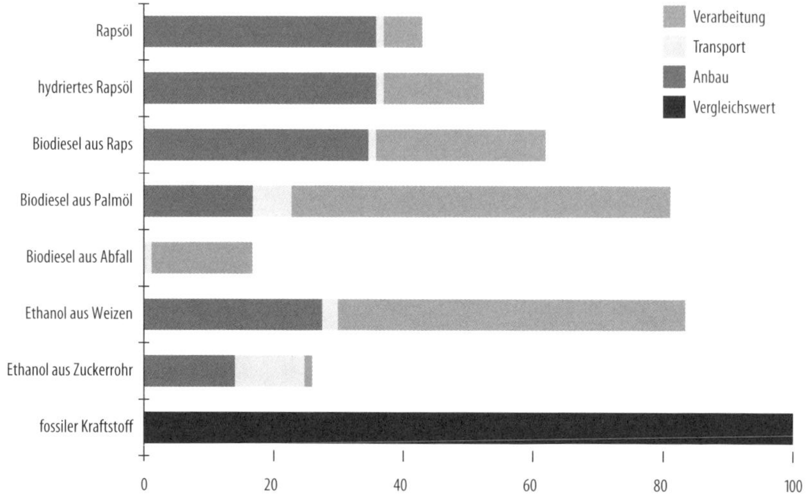

Quelle: UFOP

Treibhausgas zur Klimaerwärmung beiträgt. Aus Biodieselkreisen heißt es dazu, dass die Menge des beim Rapsanbau erzeugten Lachgases an anderer Stelle mehr als kompensiert würde. So wird beispielsweise der Presskuchen (Restprodukt bei der Rapsölauspressung) als Futtermittel verwendet und ersetze somit Sojaimporte.

Weiterhin problematisch ist die Bewertung des Düngereintrags in das Erdreich. In einigen Studien wird dieser Punkt als äußerst nachteilig beurteilt, weil dadurch der Boden versauert. Derartige Auswirkungen auf die Umwelt seien gravierender einzuordnen als die Nutzung fossiler Kraftstoffe, wird vielfach kritisiert.

Das tatsächliche Ergebnis bei der Aufstellung einer Umweltbilanz hängt somit stark davon ab, wie die weiteren Nebenprodukte der Biodieselproduktion (z. B. Rapsschrot und Glyzerin) verwertet werden. Aus ökologischer und auch ökonomischer Sicht ist es durchaus lohnenswert, durch die Verbrennung des Schrotes und durch Biogasproduktion die Gesamtbilanz weiter zu verbessern.

Glyzerin wird beispielsweise in der chemischen Industrie, in der Lebensmittel- und Kosmetikindustrie sowie als Futtermittel eingesetzt. Selbst das entstehende Rapsstroh (getrocknete Stängel) wird zur natürlichen Düngung oder zur Energiegewinnung in Biogasanlagen weiterverwertet. Die Berücksichtigung anderer Nebenprodukte (z. B. die Honigproduktion aus Rapspflanzen) verändert die Ergebnisse der Ökobilanz allerdings nicht mehr nennenswert. [Gärtner, 2003]

Neben der Anbauseite muss außerdem die Nutzungsseite analysiert werden. Im Vergleich zu herkömmlichem Dieselkraftstoff reduzieren sich bei der Verwendung von Biodiesel die Gesundheitsrisiken für die Bevölkerung. Die Studie eines amerikanischen Forschungsinstituts vom Frühjahr 2001 behandelt speziell die krebserzeugenden Bestandteile der Abgase. [Lovelace Respiratory Research Institute, 2000] Bei Biodiesel liegen die Emissionen von Rußpartikeln demnach um etwa 30 % und die von Kohlenwasserstoffen um über 90 % niedriger als bei Diesel aus Mineralöl. Darüber hinaus reduziert sich der Kohlenmonoxidanteil um 50 %, und Schwefelemissionen konnten überhaupt nicht registriert werden. Die Abwesenheit von Schwefel ermöglicht darüber hinaus den Einsatz von modernen Katalysatoren zur Abgasreinigung für eine weitere Reduzierung der Stickoxide. Diese Nachreinigung ist ratsam, da andernfalls die Stickoxidemissionen gegenüber Dieselöl um 13 % ansteigen.

Krebserzeugende Substanzen wie polyzyklische aromatische Kohlenwasserstoffe verringern sich bei Biodiesel um über 80 %. Diese Ergebnisse kamen durch Tierversuche zustande, bei denen weder eine erhöhte Sterblichkeit noch eine verminderte Fruchtbarkeit oder sonstige klinische Auffälligkeiten festgestellt wurden.

In Bezug auf die CO_2-Bilanz bescheinigte das Institut für Energie- und Umweltforschung Heidelberg (IFEU) Biodiesel eine positive Bilanz. Beim Ersatz von einem Liter fossilen Diesels durch Biodiesel würde sich – unter Beachtung sämtlicher Aufwendungen bei Anbau, Transport und Verarbeitung – eine Einsparung von 2,2 kg CO_2 ergeben. Problematisch sind allerdings die bei der Verbrennung von Biodiesel entstehenden erhöhten NO_X-Emissionen. Von offizieller Seite heißt es bezüglich der Beimischung eines fünfprozentigen Anteils Biodiesel zu normalem Dieselkraftstoff, dass diese keine nachteiligen Auswirkungen auf die Kraftstoffqualität und die Abgaswerte hat. [NRW-Umweltministerium, 2006]

3.2 Pflanzenöl

Bereits im Jahr 1912 sah Rudolf Diesel in seiner Patentschrift die heutige Entwicklung voraus:

> *„Der Gebrauch von Pflanzenöl als Kraftstoff mag heute unbedeutend sein. Aber derartige Produkte können im Laufe der Zeit ebenso wichtig werden wie Petroleum und diese Kohle-Teer-Produkte von heute."*

3.2.1 Eigenschaften

Es gibt verschiedene Ölpflanzen, aus denen Pflanzenöl gewonnen werden kann. Sie unterscheiden sich vornehmlich durch ihre jeweilige Zusammensetzung voneinander. Unterschiedliche Öle enthalten unterschiedliche Anteile an Fettsäuren: Öl-, Linol-, Linolen- und Stearinsäure. 90 % davon sind einfach oder mehrfach ungesättigt, das heißt, sie verfügen über Doppelbindungen.

Zur Festlegung einer einheitlichen Qualität der Pflanzenöle existiert seit 2006 eine Kraftstoffnorm: die DIN V 51605. Allerdings handelt es sich dabei um eine Vornorm, die insbesondere für Rapsöl gedacht ist, aber noch nicht allen Ansprüchen genügt. Im Kraftstoff unerwünschte Inhaltsstoffe wie Calcium, Magnesium und Phosphor werden darin beispielsweise nicht berücksichtigt. Wann es eine verbindliche Richtlinie für alle Pflanzenöle geben wird, ist derzeit noch nicht absehbar.

Die Lagerfähigkeit von Pflanzenöl ist begrenzt, da dieser Kraftstoff ein Naturprodukt ist, der einem natürlichen Umwandlungsprozess unterworfen ist. Der in der Luft enthaltene Sauerstoff reagiert mit einzelnen Bestandteilen, weswegen von einer verminderten oxidativen Stabilität gesprochen wird. Die empfohlene Dauer, wie lange Pflanzenöl gelagert werden kann, beträgt sechs, allerhöchstens zwölf Monate.

3.2.2 Herstellung

Beim typischen Pflanzenöl handelt es sich um kalt gepresstes Öl aus 00-Raps und Sonnenblumen. Bei der Herstellung von Pflanzenöl werden die Samen in der Regel zunächst zermahlen und anschließend kalt gepresst. Schwebstoffe werden anschließend durch Sedimentation oder Filtration herausgetrennt. In

TAB. 7: EIGENSCHAFTEN VON PFLANZENÖLEN

	Rapsöl	Sonnenblumenöl	Palmöl
Dichte (15 °C, kg/l)	0,92	0,93	0,92
Heizwert (MJ/kg)	37,6	37,1	37,0
kinematische Viskosität (20 °C, mm^2/s)	72,3	68,9	29,4
Cetan-Zahl	40	36	42
Flammpunkt (°C)	317	316	267
Stockpunkt (°C)	−3 ... 0	−18 ... −16	27 ... 43
Kraftstoffäquivalent (l)	0,96	0,96	0,96

[Schütz, 2007], FNR

derzeit gängigen Pressen verbleibt üblicherweise ein Restölanteil von 13 % im Schrot. Der Rest, so genannter *Presskuchen*, wird teilweise energetisch genutzt oder als Tierfutter eingesetzt.

Reines Pflanzenöl wird im Gegensatz zu Biodiesel nicht chemisch aufbereitet. Für die Biodieselaufbereitung (Umesterung) ist der Einsatz von Methanol und zusätzlicher Energie notwendig, wodurch dessen Öko- und Energiebilanz beeinträchtigt wird (s. auch Kap. 3.1.2).

3.2.3 Absatz

Rapsöl besitzt ein Absatzproblem, da auch das Biodieselgeschäft fast zum Erliegen gekommen ist. Nur jeder sechste Biodieselhersteller produzierte Anfang 2009 noch. 2008 war in Deutschland der Absatz an deutschen Ölmühlen auf 400.000 Tonnen zurückgegangen. Das war nur noch etwas mehr als die Hälfte von 2007. 2009 brach der Markt gänzlich ein. Die Absatzmenge belief sich nur noch auf 100.000 t.

3.2.4 Kosten

Rapsöl ist ein reines Pflanzenöl, wie es auch im Supermarkt gekauft werden kann. Aufgrund der gesteigerten Nachfrage ist allerdings der Preis von ehemals

0,55 bis 0,70 Euro pro Liter teilweise auf über 0,90 Euro/l angestiegen. Wird das Öl allerdings in größeren Mengen direkt bei den Ölmühlen abgenommen, sind deutliche Ermäßigungen möglich.

3.2.5 Technik

Im September 2008 gab es rund 440 Pflanzenöltankstellen für die etwa 20.000 und 60.000 Fahrzeuge, die in Deutschland mit Pflanzenöl unterwegs sind. Wohlgemerkt handelt es sich dabei stets um Dieselfahrzeuge, die mit entsprechenden Umrüstsätzen für den Betrieb mit Pflanzenöl umgebaut wurden.

Der Pflanzenölbetrieb bildet derzeit die kostengünstigste Kraftstoffalternative für den Betrieb eines Autos. Es muss allerdings einkalkuliert werden, dass für die Nutzung von Rapsöl Umbauten am Fahrzeugmotor notwendig sind, die je nach Modell 2.500 bis 3.500 Euro kosten können. Wird die Umrüstung in Eigeninitiative durchgeführt, fallen nur Kosten für die Materialien in Höhe von etwa 500 Euro an.

ABB. 20: MATERIALSATZ ZUR UMRÜSTUNG

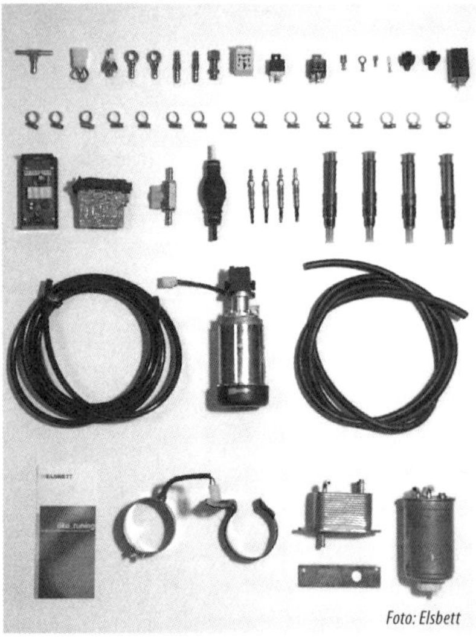

Foto: Elsbett

Beim Umbau muss unterschieden werden zwischen:

- Eintank-System
- Zweitank-System

Ältere Dieselfahrzeuge (z. B. Vor- und Wirbelkammer-Diesel) kommen häufig mit einem Eintank-System aus, während für modernere Autos mit Common Rail oder Pumpe-Düse-Einheit ein bivalentes System mit zwei Kraftstofftanks ratsam ist.

Beim **Eintank-System** werden – je nach Fahrzeugtyp – einige Komponenten des konventionellen Kraftstoffsystems gegen pflanzenölgeeignete

Teile ausgetauscht. Diese zeichnen sich durch entsprechend ausgelegte Dichtungen aus, da Pflanzenöl die ursprünglichen Dieseldichtungen mürbe und undicht werden ließe. Darüber hinaus müssen weitere Komponenten wegen der höheren Viskosität von Pflanzenöl ausgewechselt werden, so dass das Auto anschließend wahlweise mit Pflanzenöl oder Diesel und auch deren Gemischen fahren kann.

Folgende Umbauten müssen in der Regel vorgenommen werden:

- Kraftstoffleitungen mit einem größeren Durchmesser
- Änderungen an der Einspritzpumpe
- Änderungen an den Einspritzdüsen
- Auswechselung der Glühkerzen
- Einbau einer Komponente zur Anwärmung des Kraftstoffes (z.B. beheizter Filter)
- Einbau eines Reservekraftstofffilters
- Einbau eines Nebenstromfilters für Motoröl

ABB. 21: HANDPUMPE UND FILTER IM EINGEBAUTEN ZUSTAND

Foto: S. Geitmann

Durch derartige Umbauten ändern sich weder der Verbrauch noch die Leistung der Fahrzeuge. Das Einzige, was sich verändert, ist die Laufruhe des Motors. Durch den relativ hohen Sauerstoffgehalt im Pflanzenöl läuft der Motor etwas ruhiger, weil die Maximaldrücke niedriger ausfallen. Das wirkt sich positiv auf die Lebensdauer des Motors aus. Ähnlich ist es mit dem Einbau des Nebenstromfilters, wodurch auch die Ölwechselintervalle auf 100.000 Kilometer erhöht werden können. Durch die permanente Feinstfilterung erhöht sich die Lebensdauer fast aller Motorkomponenten.

Für den täglichen Betrieb ist ein bewusster Umgang mit Kraftstoff und Technik Voraussetzung. In der Warmfahrphase sollte beispielsweise nicht hochtourig gefahren werden, und auch Volllastfahrten mit einer Drehzahl von über 2.800 Umdrehungen pro Minute sind zu vermeiden. Ansonsten kann es zu Schäden an der Einspritzpumpe kommen, falls sich der Verteilerkolben zu sehr erwärmt.

In der kälteren Jahreszeit ist zudem eine gewisse Voraussicht angebracht. Wegen der Zähflüssigkeit von Pflanzenöl und der damit verbundenen Kaltstartproblematik kann es bei Temperaturen unterhalb des Gefrierpunkts notwendig sein, den Motor vor dem Start vorzuwärmen. Dies kann beispielsweise über einen beheizbaren Kraftstofffilter oder über eine Standheizung erfolgen. Standheizungen können mit Diesel betrieben werden, was allerdings einen zusätzlichen Tank voraussetzt, oder elektrisch nach dem Prinzip eines Tauchsieders. Mit einem externen Netzkabel kann die Heizung an eine Steckdose angeschlossen werden, so dass das Kühlwasser vorgewärmt wird (Dauer: 60 bis 90 min.). Ein entsprechendes Verlängerungskabel sollte sich dann stets im Fahrzeug und eine Steckdose in der Nähe befinden.

Beim **Zweitank-System** wird ein kompletter zusätzlicher Kraftstoffstrang installiert, damit das Auto sowohl mit Pflanzenöl als auch mit Diesel fahren kann. Ein Schalter am Cockpit ermöglicht die jeweilige Kraftstoffwahl und den problemlosen Wechsel auch während der Fahrt.

Gestartet wird bei diesen Systemen stets mit fossilem Dieselöl, da dieses über die besseren Kaltstarteigenschaften verfügt. Aufwendiges Vorwärmen ist hierbei überflüssig. Nach Erreichen der Betriebstemperatur findet automatisch oder manuell der Wechsel auf Pflanzenöl statt. Vor Beendigung der Fahrt sollte jedoch rechtzeitig (ca. 3 bis 5 km vorm Ziel) wieder auf Dieselkraftstoff gewechselt werden, damit sich die Düsen reinigen und sich keine Ablagerungen bilden. Vorausschauendes Fahren ist daher ratsam.

Rapsöl verfügt über eine relativ hohe Viskosität und kann in jedem Verhältnis mit Dieselkraftstoff gemischt werden. Mitunter kann es für den Fahrzeugbetrieb notwendig werden, Dieselkraftstoff zum Pflanzenöl beizumischen, wenn die Temperatur unterhalb von −10 °C liegt.

Nachteilig bei Rapsöl sind die häufiger notwendigen Wechsel des Kraftstofffilters, wegen der mitunter vorkommenden Verunreinigungen in zweitklassigem Öl sowie von Leitungen abgelösten Ablagerungen, die den Filter rasch zusetzen. Wird dieser zu selten ausgewechselt, kann es zu Problemen mit der Kraftstoffversorgung kommen, so dass der Motor im Ernstfall auch mal stehenbleibt. Außerdem riecht es aus dem Auspuff nach „Pommes-Buden-Dampf“, was nicht unbedingt jedermanns Geschmack entspricht.

Professionelle Anbieter tragen den Umbau in den Fahrzeugbrief ein, so dass die Betriebserlaubnis des Wagens nicht erlischt. Weitere Erfahrungen im Umgang mit Pflanzenöl stehen im Anhang im Fahrbericht Rapsöl (s. Kap. 9.1.1).

3.2.6 Umwelt

Ähnlich wie beim Biodiesel wird auch bei Pflanzenöl darüber gestritten, wie die Umweltbilanz bei der Verbrennung in Kfz-Motoren aussieht. Im Dezember 2006 sorgte beispielsweise eine Meldung des Berufsgenossenschaftlichen Forschungsinstituts für Arbeitsmedizin in Bochum (BGFA) für Aufsehen in der Biokraftstoffbranche. Das Institut hatte vermeldet, dass die Abgase aus einem Motor beim Betrieb mit reinem Pflanzenöl ein um etwa den Faktor zehn erhöhtes Krebspotential aufwiesen im Vergleich zum Betrieb mit herkömmlichem Diesel oder Biodiesel. Sowohl die Vorgehensweise bei der Untersuchung als auch die Ergebnisinterpretation der Wissenschaftler sind seinerzeit auf starken Widerspruch in Fachkreisen gestoßen. Eine neuere und nach internationalen Prüfstandards durchgeführte Untersuchung des Technologie- und Förderzentrums im Kompetenzzentrum für Nachwachsende Rohstoffe in Straubing (TFZ) und des bifa Umweltinstituts in Augsburg ergab im Vergleich dazu eine um mehr als die Hälfte reduzierte mutagene Wirkung der Abgase aus Pflanzenölmotoren gegenüber herkömmlichem Dieselbetrieb. Dementsprechend erklärte das Bayerische Staatsministerium für Landwirtschaft und Forsten, der Verwendung von Rapsöl als Kraftstoff stehe aus gesundheitlicher Sicht absolut nichts entgegen.

Da Pflanzenöl nicht aufwendig chemisch behandelt wird, fällt die Energie- und Umweltbilanz gegenüber Biodiesel besser aus. Bei einer vollständigen Verbrennung von Pflanzenöl kann davon ausgegangen werden, dass die in der Pflanze aufgenommene Sonnenenergie, die während der Wachstumsphase biochemisch gespeichert wurde, wieder abgegeben wird. Die Umwelt wird also nur durch die Energie beziehungsweise die Emissionen belastet, die während der Anbauphase, beim Düngen und Ernten sowie beim Auspressen aufgewendet wurde beziehungsweise entstanden sind. Bei einer unvollständigen Verbrennung hingegen werden natürlich weitere umweltbelastende Emissionen freigesetzt.

3.2.7 Andere Pflanzenöle

Dieselmotoren werden allgemein auch als *Allesbrenner* bezeichnet, da sie mit allen möglichen brennbaren Kraftstoffen betrieben werden können und zum Beispiel auch mit aufbereiteten **Altfetten** laufen. Zu den Altfetten zählt beispielsweise **Sojaöl**, das als Frittieröl in Backstraßen verwendet wird. Wegen der dortigen hohen Temperaturen (180 bis 200 °C) ist der Wassergehalt dieses Öls sehr gering. Wenn dieses Öl vorgefiltert und recycelt wird, ist es für etwa 30 Cent pro Liter erhältlich und kann rein technisch gesehen in robusten Dieselmotoren verbrannt werden.

Es ist weiterhin möglich, **Sesamöl** zu verwenden, das für Massagen verwendet wird (27 Cent/l). Selbst Imbissbudenfett kann genutzt werden, obwohl es bei Zimmertemperatur halb fest ist. Dafür liegt der Preis nur bei etwa 10 bis 15 Cent/l. Es ist aber eine zusätzliche Filtrierung und Entwässerung notwendig. Wie lange moderne Dieselmotoren solch einen Betrieb mitmachen, ist jedoch fraglich.

Palmöl kann zwar theoretisch dem Pflanzenöl beigemischt werden, dann entspricht der Kraftstoff aber nicht mehr der Norm. Außerdem ist es wenig sinnvoll, Palmöl den weiten Weg bis nach Europa zu transportieren, um es hier zu verbrennen, weil allein durch den Transport Emissionen erzeugt werden und letztlich kaum Geld gespart wird. Insbesondere Baumrodungen auf Kosten von Palmölplantagen haben in der Vergangenheit zu einem schlechten Image von Palmöl geführt.

Bei der Verwendung von alternativen Pflanzenölen hängt die Umweltbilanz stark vom Anbau sowie der Weiterverarbeitung der entsprechenden Pflanzen ab. Eine diesbezüglich angefertigte Studie des World Wide Fund for Nature (WWF) bescheinigte Palmöl grundsätzlich eine positive Energiebilanz. In der Analyse „Regenwald für Biodiesel?" vom April 2007 heißt es jedoch, Voraussetzung sei, dass die Plantagen ausschließlich auf bereits gerodeten und bislang ungenutzten Brachflächen angelegt würden, für die kein Regenwald weichen muss. Negativ falle die Treibhausgasbilanz zum Beispiel dann aus, wenn die Ölpalmen, wie in weiten Teilen Südostasiens üblich, auf der Fläche einstiger Torfwälder angebaut werden. Dennoch befürwortet der WWF den Einsatz von Palmöl für die Strom- und Wärmeerzeugung, allerdings nur, wenn die Plantagen den Kriterien des *Roundtable on Sustainable Palmoil*, der 2003 unter Mitarbeit des WWF gegründet wurde, entsprechen. Zur besseren Erkennung unbedenklicher Ölprodukte wird derzeit an einer entsprechenden Zertifizierung gearbeitet.

Von dem Privatgebrauch ungeeigneter Öle und Fette für den eigenen Wagen wird an dieser Stelle ausdrücklich abgeraten, weil Verunreinigungen zu technischen Problemen führen können. Es sollte vielmehr darauf geachtet werden, nur zertifizierten Kraftstoff zu tanken.

4 BENZIN-ALTERNATIVEN

4 BENZIN-ALTERNATIVEN

Der Verbrennungsmotor hat Ende des 19. Jahrhunderts den Wettkampf gegen den Elektromotor gewonnen. Jahrzehntelang erfuhr er einen Optimierungsprozess, der ihn zu dem machte, was wir heute kennen. In Mitteleuropa kommt im Pkw-Sektor zumeist der Ottomotor in Kombination mit einem Schaltgetriebe zum Einsatz. Die Frage ist nur, wie lange noch. Benzin ist schon längst nicht mehr die allein glücklich machende Lösung. Es gibt mehrere Spritalternativen, die in diesem und im folgenden Kapitel dargelegt werden. Und auch die Gangschaltung wird immer häufiger durch eine Automatik oder zukünftig durch den getriebelosen E-Motor ersetzt (s. Kap. 6).

4.1 Bioethanol

4.1.1 Eigenschaften

Bioethanol ist ein Kraftstoff, der erst langsam den Weg zu den Kunden findet, obwohl Ethanol schon zu Beginn des Automobilzeitalters vor über 100 Jahren als Kraftstoff eingesetzt wurde. Bereits im Jahr 1850 brachte Nikolas August Otto den Prototyp des späteren Ottomotors mit Bioethanol zum Laufen. Auch das Ford T-Modell von 1910 lief mit Ethanol.

TAB. 8: EIGENSCHAFTEN VON BIOETHANOL

Bezeichnung	Ethylalkohol
chemische Formel	CH_3CH_2OH
Dichte bei 15 °C	0,79 kg/l
Heizwert	26,8 MJ/kg
kinematische Viskosität bei 20 °C	1,5 mm^2/s
Oktanzahl	> 100
Flammpunkt	< 21 °C
Kraftstoffäquivalent	0,65 l

Ein geringer Ethanolanteil wird seit einigen Jahren den Ottokraftstoffen im Rahmen der Biokraftstoffbeimischung zugesetzt (bis zu 5 %). Außerdem erhöht sich dadurch die Klopffestigkeit. Ein breiter Einsatz von Ethanolfahrzeugen ist bisher aber noch nicht zu verzeichnen.

Im Juni 2006 wurde ein Normentwurf (DIN EN 15376) eingeführt, um zunächst mal eine ausreichende Kraftstoffqualität von Ethanol sicherstellen zu können. Im August 2008 folgte dann die DIN 51625, in der Anforderungen und Prüfverfahren für Ethanolkraftstoffe geregelt werden.

Als gebräuchliche Kraftstoffalternative hat sich in der Vergangenheit ein Kraftstoffmix aus 85 % Ethanol und 15 % Benzin etabliert. Dieser Kraftstoff wird unter der Bezeichnung E85 angeboten.

4.1.2 Herstellung

Bioethanol lässt sich aus verschiedenen zucker- und stärkehaltigen Pflanzen wie zum Beispiel Getreide, Zuckerrüben oder Kartoffeln, aber auch aus Holz und sonstiger Biomasse herstellen. Durch alkoholische Gärung werden bei der chemischen Umwandlung aus der Glucose dieser Rohstoffe Ethanol und Kohlendioxid.

Weltweit wurden 2008 rund 65 Mrd. l Bioethanol (= 52 Mio. t) für den Kraftstoffsektor erzeugt. Brasilien war lange Zeit Weltmarktführer. 2006 haben jedoch die USA die Führerschaft übernommen (2009: 32,3 Mio. t). Beim Export liegt Brasilien aber nach wie vor vorn (2008: 3,5 Mio. t). Weitere große Bioethanolproduzenten sind China, Deutschland, Frankreich, Schweden, Spanien und Indien.

In Deutschland startete die Herstellung in nennenswerter Größenordnung erst im Jahr 2005. 2008 wurden dann bereits mehr als 460.000 t Bioethanol produziert. Größtenteils wurde dafür Getreide als Ausgangsmaterial eingesetzt.

TAB. 9: AUSGANGSMATERIALIEN FÜR BIOETHANOL

Rohstoff	Kraftstoffertrag [l/ha]	erforderl. Biomasse [kg/l]
Mais	3.520	2,6
Weizen	2.760	2,6
Roggen	2.030	2,2
Kartoffel	3.550	12,4
Zuckerrübe	6.620	9,3

Quelle: FNR

ABB. 22: ZUCKERHIRSE FÜR DIE ETHANOLPRODUKTION

Der Anteil des für den Transportsektor verwendeten Getreides betrug allerdings lediglich 1,9 % des gesamten Ernteertrages.

Der Verbrauch in Deutschland belief sich 2009 auf über 900.000 t, wovon allerdings nur 5 % in die E85-Nutzung flossen. Der Großteil wurde Ottokraftstoffen beigemischt.

4.1.3 Technik

Bei der Verwendung von E85-Kraftstoff muss verglichen mit Superbenzin mit einem 30 % höheren Spritverbrauch (1,54 l Bioethanol gegenüber 1 l Benzin) gerechnet werden. Gleichzeitig kommt es allerdings auch zu einer Leistungssteigerung durch Ethanol. Dieser Kraftstoff verfügt über eine relativ hohe Oktanzahl (110), wodurch die Klopffestigkeit gesteigert wird und Wirkungsgradgewinne von bis zu 20 % möglich sind.

Im November 2006 ging die erste Ethanol-85-Zapfsäule in Berlin in Betrieb. Mitte 2010 gab es bundesweit schon über 300 Stationen. Bisher gibt es allerdings noch nicht besonders viele Fahrzeuge, die dort tanken.

In Deutschland setzt bisher lediglich Ford auf diese Antriebsvariante. Für einen geringen Aufpreis in Höhe von 300 Euro können seit 2005 sowohl der Ford Focus (18.500 Euro) als auch der C-Max, der S-Max, der Galaxy sowie der Mondeo als Flexi Fuel Vehicle (FFV) beordert werden. Der 1,8-l-Benzinmotor des C-Max (92 kW) wurde beispielsweise geringfügig an Ventilen (gehärteter Stahl) und Motormanagement modifiziert. Ein Sensor erkennt die jeweilige Kraftstoffsorte und gibt die Information zur Wahl des günstigsten Zündzeitpunktes an die Motorsteuerung weiter. Ähnlich ist es bei der Konzerntochter Volvo, die den S40 und S80 sowie den C30, den V50 und den V70 anbietet. Und auch Saab (9-3 und 9-5 Bio Power) ist mittlerweile auf diesem Feld aktiv.

ABB. 23: FORD FOCUS MIT ETHANOLANTRIEB

Quelle: Ford

In Schweden ist Ford bereits seit Ende 2001 mit seinen FFV-Fahrzeugen erfolgreich auf dem Markt vertreten und verfügt somit über langjährige Erfahrungen mit „Alkohol am Steuer". 90 % der Focus-Käufer entscheiden sich dort für ein Flexifuel-Modell, nicht zuletzt wegen des staatlichen Zuschusses in Höhe von 1.000 Euro. Insgesamt bieten in Schweden mittlerweile 14 Marken Ethanolautos an, so dass 40 % aller Neuwagenkäufer FFV- oder Hybridfahrzeuge wählen. Dies erklärt die hohe Anzahl an Flexifuel-Autos auf schwedischen Straßen (80.000 Stück). Das skandinavische Land macht somit ernst mit seiner Ankündigung, bis zum Jahr 2020 unabhängig von Mineralöl werden zu wollen.

TAB. 10: ANTEIL DER TOTAL-FLEX-MOTOREN BEI NEUZULASSUNGEN IN BRASILIEN

2004	2005	2006
23 %	56 %	> 80 %

Eine wahre Erfolgsgeschichte in Verbindung mit Ethanol kann Brasilien erzählen. Als Reaktion auf die weltweite Ölkrise zu Beginn der 1970er Jahre begann das südamerikanische Land vor über 30 Jahren, aus Zuckerrohr hergestelltes Ethanol als Kraftstoff zu

ABB. 24: BIOSPRIT-TANKSTELLE

verwenden. In den 1980er Jahren fuhren dann bereits die meisten dortigen Fahrzeuge mit diesem erneuerbaren Treibstoff. In den 1990er Jahren erlitt Ethanol jedoch aufgrund von Lieferproblemen einen vorübergehenden Rückschlag. Viele Autofahrer stiegen wieder auf Benzin um. Seit einigen Jahren können sie nun beides nutzen.

Volkswagen do Brasil stellte im Jahr 2003 den ersten Wagen vor, der sowohl mit Ethanol als auch mit Benzin fahren konnte. Seitdem können Verbraucher zwischen Benzin und Ethanol wählen – egal in welcher Mischung. Anfangs hießen dort die zweigleisig verwendbaren Aggregate *Total-Flex-Motoren*, später dann *Flex-Fuel-Motoren*. VW, General Motors und Fiat bieten in Brasilien seit 2006 fast nur noch Flex-Fuel-Wagen an, so dass die Nachfrage nach dem so genannten Gasolina Tipo C, für den mittlerweile ein flächendeckendes Tankstellennetz besteht, immer größer wird. Volkswagen hat dort bereits über eine Million solcher Fahrzeuge gebaut.

4.1.4 Umwelt

Die Umweltbilanz ist besser als bei den fossilen Artgenossen, da nur so viel Kohlendioxid in die Umgebung entlassen wird, wie zuvor beim Wachstum der Pflanzen gebunden wurde. Dieser positive Kohlendioxideffekt gegenüber Benzin wird bei der Verwendung von Bioethanol mit 80 % angegeben. Vernachlässigt wird dabei hingegen, dass auch der Energieaufwand für den Anbau der Pflanzen (Aussaat, Pflege, Ernte) sowie die Weiterverarbeitung berücksichtigt werden müssen. Kritiker sprechen daher von einem eher geringen CO_2-Einsparungseffekt.

Von den gesetzlich limitierten Schadstoffen emittieren Ethanolfahrzeuge im Vergleich zu Benzinfahrzeugen weniger Kohlenwasserstoffe, weniger Kohlenmonoxide und weniger Benzol. Bezüglich etwaiger emittierter Aldehyde gibt es bisher noch keine ausreichenden Studien.

4.1.5 Kosten

Ein Liter Ethanol 85 ist an öffentlichen Tankstellen für rund 95 Cent zu haben. Unter Berücksichtigung des anfallenden Mehrverbrauchs entspricht dies einem Kraftstoffpreis von 1,25 Euro pro Liter.

Wer mit einem FFV in Deutschland unterwegs ist, kommt zumindest noch bis 2015 in den Genuss der Steuervergünstigung.

4.2 Biogas

4.2.1 Eigenschaften

Biogas verfügt über viele Namen: Biomethan, GreenGas, Bioerdgas, BNG. Gemeint ist damit immer das Gleiche: Biogas in Erdgasqualität. Es handelt sich dabei um ein Gasgemisch, das in der Regel aus 50 bis 74 % Methan, aus 25 bis 49 % Kohlendioxid sowie aus Wasserdampf, Ammoniak, Sauerstoff und Schwefelwasserstoff besteht. Der Heizwert liegt je nach Ausgangsmaterial etwa bei 5,5 bis 6,25 Kilowattstunden pro Normkubikmeter.

4.2.2 Herstellung

Die bei der Biogaserzeugung eingesetzten Ausgangsprodukte heißen *Substrate*. Zu ihnen zählen sowohl Proteine, Fette als auch Kohlenhydrate. Vornehmlich wird Biogas aus landwirtschaftlichem Mähgut (z. B. Stroh, Gras) gewonnen, aber auch aus Gülle und organischen Abfällen von Großküchen und Haushalten.

Geeignet für eine Nutzung in Biogasanlagen sind grundsätzlich alle Pflanzen und Pflanzenreste mit niedrigem holzigen Anteil (z. B. Halmgut, krautige Pflanzen, Pflanzenreste und Früchte). Diese natürlichen Reststoffe werden gesammelt und in Vergärungsanlagen unter Ausschluss von Luft (anaerob) mit Hilfe von Mikroorganismen zu Biogas mit einem ähnlich hohen Methananteil wie Erdgas verarbeitet. Derzeit werden am häufigsten Maispflanzen als Ausgangsmaterial für Biogas eingesetzt, während Raps vorrangig für die Ölproduktion herangezogen wird.

ABB. 25: BIOGASANLAGE

In der Natur läuft dieser Vergärungsprozess zum Beispiel in Sümpfen und auch in vielen Seen ab. In diesem Zusammenhang kann das ganz normale Rindvieh als die kleinste und bekannteste Biogasanlage bezeichnet werden. Eine Kuh produziert ungefähr 200 Liter Methan pro Tag.

Großtechnisch sind in Deutschland bereits seit einigen Jahren moderne Biogasanlagen im Einsatz, die Bioabfälle aus Haushalten (braune Tonne), Gewerbe und Landwirtschaft verwerten. Eine durchschnittliche Biogasanlage verfügt über zwei Biogasreaktoren mit je 3.300 Kubikmetern Inhalt, die insgesamt rund 85.000 Tonnen organische Abfälle pro Jahr verwerten können. In diesen Reaktoren werden unter Mithilfe von thermophilen Methanbakterien die Bioabfälle bei 55 °C in Biogas umgewandelt.

Eine andere Möglichkeit, Biogas zu erzeugen, ist die Vergasung von Biomasse. Bei diesem Verfahren kann der feste Energieträger, in dem die Energie chemisch gespeichert ist, in den gasförmigen Aggregatzustand überführt werden, so dass das entstandene Biogas beispielsweise in Verbrennungsmotoren genutzt werden kann. Letztlich geht jeder Holzverbrennung ein Vergasungsprozess voraus, weil das Holz nie selbst brennt, sondern vielmehr die aus dem Holz austretenden Gase.

Die Vergasung setzt bei Temperaturen um 150 °C ein. Mit steigender Temperatur treten zuerst Wasserdampf und Sauerstoff aus. Danach werden auch die Feststoffe Zellulose und Lignin zu Gas. Wird diesem Gas Sekundärluft zugeführt, entzündet sich das Gemisch. Der Flammpunkt liegt je nach Güte des Brennstoffes zwischen 230 und 280 °C. [Berner, 2003]

Da Holz ein sehr inhomogener Brennstoff ist, dessen verschiedene Bestandteile (Polyose, Zellulose und Lignin) ein unterschiedliches Verhalten aufweisen, treten zurzeit noch unerwünschte Schwankungen bei der Gaszusammensetzung auf. Außerdem kann es leicht zu Teerablagerungen (Holzteer) kommen, die die Brennräume versotten lassen. Holzteer bildet bei der Verbrennung in Gasmotoren Rückstände an den Zylinderwänden, die zu einer Zerstörung der Motoren führen können.

4.2.3 Technik

Ein Pluspunkt von Biogas ist dessen relativ hohe Klopffestigkeit, weswegen sich dieser Kraftstoff gut für die Nutzung in Verbrennungskraftmotoren eignet. Dennoch hat dieser Kraftstoff bisher kaum den Weg in die Automobile gefunden. Lediglich eine einzige Biogastankstelle ist bisher bekannt. Der Zugang zum Kfz-Markt wird jedoch nach und nach indirekt erschlossen, indem Biogas dem fossilen Erdgas beigemischt wird – sowohl im Rohrleitungssystem zur Versorgung von Industrie und Gebäudeheizungen als auch in Tankstellenbehältern zur Befüllung von Gasfahrzeugen.

Mehr Informationen über Gasmotoren gibt es in Kapitel 4.3 Flüssiggas und 4.4 Erdgas.

4.2.4 Umwelt

Die verschiedenen Ausgangssubstrate bewirken verständlicherweise eine unterschiedliche Gaszusammensetzung. Wird Raps verwendet, liegt im Biogas beispielsweise relativ viel Schwefel-Wasserstoff (H_2S) vor, während reines Gras nahezu schwefelfreies Gas erzeugt.

4.2.5 Kosten

Der Vorteil von Biogas ist, dass es bei der Nutzung im Automobil zu 100 % von der Steuer befreit ist.

4.3 Flüssiggas

Bei flüchtiger Betrachtung mag der Begriff *Flüssiggas* zunächst etwas seltsam anmuten, da gemeinhin davon ausgegangen werden kann, dass Substanzen „gasförmig", „flüssig" oder „fest" sind, aber nicht Mischformen dazwischen annehmen. Dennoch hat sich diese Bezeichnung mittlerweile etabliert. Im deutschsprachigen Raum werden anstelle von Flüssiggas auch je nach Anwendungsbereich häufig die Begriffe *Treibgas* und *Autogas* benutzt. International wird Flüssiggas als *Liquefied Petroleum Gas* (LPG) bezeichnet.

4.3.1 Eigenschaften

Flüssiggas besteht aus leicht verflüssigbaren Kohlenwasserstoffverbindungen (C_nH_m) mit drei oder vier Kohlenstoffatomen. Es kann sich dabei um eine einzelne Verbindung oder um eine Mischung mehrerer Verbindungen handeln.

Die Hauptbestandteile von Flüssiggas sind:

· Propan	C_3H_8	
· Propen (Propylen)	C_3H_6	(mit C-Doppelbindung)
· Butan	C_4H_{10}	
· Buten (Butylen)	C_4H_8	(mit C-Doppelbindung)

Propan und Butan sind kettenförmige, gesättigte Kohlenwasserstoffverbindungen. Die ungesättigten Kohlenwasserstoffe Propen und Buten weisen eine Kohlenstoffdoppelbindung auf und sind hinsichtlich ihres prozentualen Anteils im Flüssiggas begrenzt. Propen ist bei der Erzeugung als Nebenprodukt des Raffinationsverfahrens unvermeidlich und liegt anteilmäßig meist zwischen drei und fünf Prozent.

Die Molekülstruktur von Propan und Butan ist im Vergleich zu den verzweigten Ketten herkömmlicher Kraftstoffe relativ einfach, da nur eine überschaubare

ABB. 26: MOLEKULARES FLÜSSIGGAS

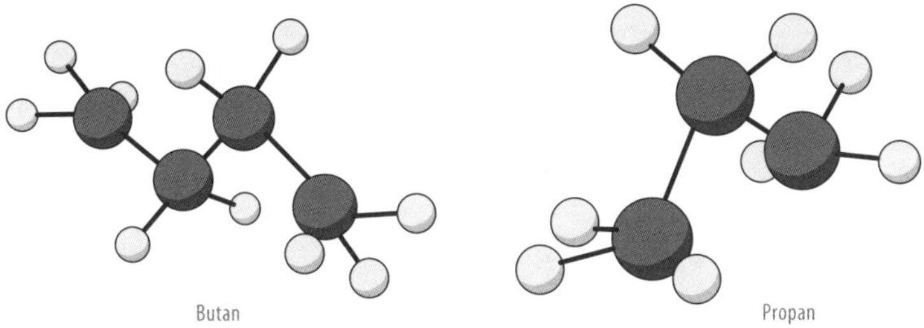

TAB. 11: EIGENSCHAFTEN VON FLÜSSIGGAS

Kennwert	Einheit	Betrag
Dichte des Gases bei 0 °C	g/l	2,02
Relative Dichte (bezogen auf trockene Luft)	-	1,56
Brennwert H_0	kWh/m^3	28,3
Heizwert H_U	kWh/m^3	26,0

Quellen: DIN 1871 und DIN 51 857

Anzahl von Atomen beteiligt ist (s. Abb. 26). Im Vergleich dazu bestehen beispielsweise Benzin oder Diesel aus deutlich mehr Bestandteilen, so dass deren gesamte Molekülstruktur weitaus komplizierter ist.

Flüssiggas ist im Normalzustand gasförmig. Unter Druck lässt es sich relativ einfach verflüssigen, so dass es dann nur 1/260stel des gasförmigen Volumens besitzt. Aus 1.000 Litern Gas werden dadurch etwa vier Liter Flüssigkeit. Im Gegensatz zu Erdgas oder Wasserstoff, die leichter als Luft sind, weist Flüssiggas einen Dichtequotienten zu Luft (ρ_{LPG}/ρ_{Luft}) von 1,56 auf. Dies bedeutet, dass Flüssiggas bei seiner Freisetzung nach unten sinkt. Es sammelt sich am Boden (z. B. in Senken) an. Um ein etwaiges damit verbundenes Gefahrenpotential zu vermeiden, bedarf es geeigneter baulicher oder lüftungstechnischer Maßnahmen, damit sich eine LPG-Wolke nicht versehentlich entzündet.

TAB. 12: EIGENSCHAFTEN VON PROPAN

chemische Summenformel	C_3H_8
Strukturformel	CH_3-CH_2-CH_3
Kohlenstoffgehalt	81,72 Gew.-%
Wasserstoffgehalt	18,28 Gew.-%
Molekulargewicht	44,09 g/mol
Molvolumen	21,94 cm^3/mol
MAK-Wert	1.800 mg/m^3
kritische Temperatur	96,8 °C
kritischer Druck	42,6 bar
Dichte der Flüssigkeit bei T_S	501 g/l
Dichte des Gases bei T_S	2,4 g/l

TAB. 13: EIGENSCHAFTEN VON BUTAN

chemische Summenformel	C_4H_{10}
Strukturformel	CH_3-CH_2- CH_2-CH_3
Kohlenstoffgehalt	82,66 Gew.-%
Wasserstoffgehalt	17,34 Gew.-%
Molekulargewicht	58,12 g/mol
Molvolumen	21,50 cm^3/mol
MAK-Wert	2.350 mg/m^3
kritische Temperatur	152,1 °C
kritischer Druck	38,1 bar
Dichte der Flüssigkeit bei T_S	581 g/l
Dichte des Gases bei T_S	2,7 g/l

Die reinen Gase sind farb- und geruchlos, obwohl sie zunächst als Abfallprodukt der Industrie durchaus geruchbelastet sind. Für die Nutzung im Kfz-Bereich wird Autogas zur besseren Wahrnehmung mit einer speziellen Substanz versetzt (odoriert), damit eventuelle Leckagen frühzeitig bemerkt werden können. Sowohl Propan als auch Butan sind ungiftig, wirken jedoch in hohen Dosen leicht narkotisierend. Butan (lateinisch: butyrum = Butter) bildet mit Isobutan, Butadien und den Butenen die C4-Fraktion in Erdöl-Krackgasen und im Erdgas. Es ist in Wasser gering und in Alkohol und Äther leicht löslich.

Der relativ hohe Reinheitsgrad von Flüssiggas führt dazu, dass es nicht altert und praktisch unbefristet lagerbar ist. Trotzdem werden Brenngase wie Propan und Butan häufig direkt bei Raffinerien abgefackelt, wodurch sie ungenutzt freigesetzt werden, obwohl der Energieinhalt sinnvoll genutzt werden könnte.

4.3.2 Herstellung

LPG wird bei der Förderung von Erdgas und Rohöl gewonnen und entsteht bei der Weiterverarbeitung von Öl in Raffinerien. Das Mischungsverhältnis von Propan und Butan bei der Herstellung von Flüssiggas ist in Europa verschieden.

Die Zusammensetzung unterscheidet sich je nach Ort und Jahreszeit. Die Gaslieferanten variieren die Zusammensetzung je nach Umgebungstemperatur. In Deutschland und Großbritannien hatte Propan lange Zeit einen Anteil von 95 Volumenprozenten. Mittlerweile wird zumindest im Sommer ebenso wie in Frankreich eine 40:60-Mischung (Propan:Butan) bevorzugt, da in warmen Regionen mehr Butan verwendet werden kann. Bei höheren Außentemperaturen besteht nicht die Gefahr der Kondensation (Siedepunkt Butan: 0 °C). Im Winter ändern die Gashändler in der Regel das Mischungsverhältnis auf 40:60, um zu verhindern, dass Butan im Verdampfer flüssig bleibt, weil dann das Fahrzeug im Gasbetrieb ruckeln würde. Der Vorteil von Butan ist, dass es über einen höheren Heizwert als Propan verfügt. Es wird daher versucht, den Butananteil so hoch wie möglich zu halten. Lange Zeit war Butan zudem deutlich kostengünstiger als Propan, aber 2008 verteuerte es sich, so dass mittlerweile der Kostenfaktor keine gravierende Rolle mehr spielt.

4.3.3 Technik

Die Autogastechnik hatte ihre Anfänge beim Einsatz flüssiggasbetriebener Niederflurfahrzeuge (z. B. Gabelstapler). Seit Jahrzehnten bewährt sich diese Technik dort bereits, weil diese Nutzfahrzeuge wegen ihrer Schadstoffarmut auch in geschlossenen Räumen eingesetzt werden dürfen.

Seit einigen Jahren gewinnt Autogas auch bei Pkw, Transportern und Bussen an Bedeutung. Für rund 1.000 bis 3.000 Euro ist für Autobesitzer der Umstieg zum Kraftstoff Flüssiggas möglich. Ein wachsendes Tankstellennetz in Deutschland unterstützt diesen Trend und macht Autogas heute durchaus zu einer realistischen Kraftstoffalternative. Lag die Anzahl der Betankungsstationen im Jahr 2000 mit 200 Tankstellen noch recht niedrig, nahm ihre Zahl bis 2010 rapide auf 6.000 Tankstellen zu. Auch in den deutschen Nachbarländern steht bereits ein ähnlich dichtes Tankstellennetz zur Verfügung (z. B. in Polen, den Niederlanden, Italien und Frankreich).

Insgesamt waren nach Auskunft des Kraftfahrt-Bundesamtes Anfang 2010 in Deutschland 50,2 Mio. Pkw zugelassen, davon über 80 % mit Ottomotor. Ende 2009 waren auf Deutschlands Straßen 360.000 flüssiggasbetriebene Fahrzeuge unterwegs; Tendenz steigend. Im Jahr 2015 könnten es bereits über eine Million

ABB. 27: LPG-TANKSTELLE

Foto: S. Geitmann

sein. Im europäischen Vergleich hat Deutschland allerdings noch Nachholbedarf: Spitzenreiter in Sachen Autogas ist Italien mit über 2 Mio. Fahrzeugen. Auf den nächsten Rängen folgen Polen (knapp 2 Mio.), die Türkei (1,5 Mio.), die Niederlande (325.000) und Frankreich (300.000). Weltweit fuhren Ende 2006 bereits rund 8 Mio. Autogasfahrzeuge.

Für den normalen Ottomotor ist der Gasbetrieb nicht nachteilig, solange die Kraftstoffqualität gewissen Anforderungen genügt (EN 589). Bei Fahrzeugen mit Benzindirekteinspritzung wird es jedoch problematisch, weil diese über ein inneres Gemischbildungssystem verfügen. Gängige Gassysteme sind hingegen für die äußere Gemischbildung konzipiert.

Für Dieselmotoren gibt es zwar auch ein Verfahren aus den 1920er Jahren, um Gas im Zweistoffbetrieb nutzen zu können, aber diese Technik ist wirtschaftlich und ökologisch derzeit nicht wirklich sinnvoll.

Flüssiggas wird in Personenwagen üblicherweise unter Druck in flüssiger Form gespeichert. Für den Einsatz in Kfz-Motoren wird es daher zunächst in einem Verdampfer in den gasförmigen Aggregatzustand überführt und dann gasförmig vor den Zylindern in den Ansaugtrakt eingeblasen. Herkömmliche Kraftstoffe (Benzin, Diesel) werden demgegenüber in der Regel über Vergaser oder Düsen als kleinste Flüssigkeitströpfchen der Brennkammer zugeführt.

Wegen des gasförmigen Ausgangszustandes von Flüssiggas vermischt sich der Kraftstoff in der Brennkammer gut mit der angesaugten Luft, wodurch ein homogenes Gemisch erreicht wird. Dies wiederum ermöglicht eine gleichmäßigere Verbrennung als bei einem Luft-Benzin-Gemisch. Die LPG-Verbrennung ist dadurch „weicher" und gleichmäßiger als bei konventionellen Kraftstoffen, so dass der Motor leiser läuft und in der Regel eine längere Lebensdauer aufweist. Dies liegt auch daran, dass eine geringere Belastung des Motoröls auftritt, weil kein Ruß erzeugt wird, keine Kraftstoffverdünnung zu verzeichnen ist und auch keine Dampfblasen gebildet werden, wodurch eine Viskositätsverminderung bewirkt werden könnte. Hinzu kommt, dass die höhere Brenngeschwindigkeit von LPG einen geringeren Wand-Wärmeverlust im Flüssiggasmotor bewirkt, wodurch die Betriebstemperatur sowie der Wirkungsgrad höher liegen.

Da jedoch die Dichte von Flüssigkeiten sehr viel größer ist als die von Gasen, nimmt gasförmiger Kraftstoff deutlich mehr Raum ein. Das Gas verdrängt dadurch einen Teil der Ansaugluft. Weniger Luft bedeutet aber eine Anfettung des Gemisches. Soll das ursprüngliche Luftverhältnis dennoch beibehalten werden, muss dementsprechend die Kraftstoffzufuhr gesenkt werden. Die Luftzufuhr kann allerdings nicht beliebig erhöht werden, da es aufgrund des vorhandenen Querschnittes und des damit verbundenen Strömungswiderstandes in der Zuleitung Grenzen gibt. Dies hat insgesamt eine verminderte Zylinderfüllung mit Leistungsverlusten im Vergleich zum Benzinbetrieb zur Folge. Anders betrachtet ist bei gleicher Leistung mit einem volumetrisch höheren Kraftstoffverbrauch zu rechnen.

Am besten verläuft die Verbrennung innerhalb der Brennkammer, wenn ein stöchiometrisches Mischungsver-

Stöchiometrisches Verhältnis: Bezeichnung für eine Gemischzusammensetzung, bei der für jedes Kraftstoffmolekül mindestens die erforderliche Anzahl von Sauerstoffmolekülen zur Verfügung steht ($\lambda = 1$; λ: Luftverhältnis Lambda). Wenn ein Luftüberschuss ($\lambda > 1$) vorliegt, kommt es zu einer verlangsamten Umsetzung (Verpuffung) des Gas- oder Dampf/Luft-Gemisches. Bei einem Kraftstoffüberschuss ($\lambda < 1$) kommt es hingegen zu einer unvollständigen Verbrennung.

TAB. 14: ZÜNDGRENZEN IN VOLUMENPROZENT

Propan	Butan	Erdgas	Benzin	Wasserstoff
1,7 – 10,9	1,4 – 8,5	6 – 16	1,0 – 7,5	4 – 75

hältnis vorliegt beziehungsweise eher etwas mehr Kraftstoff vorhanden ist als unbedingt notwendig. Zu viel Kraftstoff erhöht jedoch unnötig den Verbrauch. Außerdem kann sich unverbranntes Flüssiggas an heißen Teilen vom Auspuff entzünden, so dass es dort zu Fehlzündungen kommen kann. Im Extremfall kann das Kraftstoff/Luft-Gemisch unverbrannt aus dem Auspuff austreten und sich am Boden ansammeln. Es sollte daher beim Anlassen des Motors auf gute Lüftung geachtet und nicht zu lange gestartet werden, insbesondere wenn der Motor beim Start innerhalb von Gebäuden nicht sofort anspringt. Bei Gasgeruch sollte der Startvorgang abgebrochen werden, da es ansonsten zu einer plötzlichen Entzündung des ausgetretenen Gases im Umfeld des Fahrzeugs kommen kann. Bei einer unvollständigen Verbrennung könnten zudem erhöhte Mengen Kohlenmonoxid ausgestoßen werden, wodurch es beim Einatmen zu Vergiftungserscheinungen kommen kann.

Damit es im Motorbrennraum zu einer Verbrennung von Flüssiggas kommen kann, muss sich der Kraftstoff zunächst mit Sauerstoff beziehungsweise mit der Umgebungsluft vermischen. Ein zündfähiges Gemisch liegt allerdings nur dann vor, wenn sich das Verhältnis von Kraftstoff und Luft innerhalb bestimmter Grenzen, den so genannten *Zündgrenzen*, befindet. Flüssiggas weist von den gasförmigen Kraftstoffen einen ebenso engen und niedrigen Zündbereich wie Benzin auf (s. Tab. 14).

Zu einer Entzündung kann es nur kommen, wenn gleichzeitig

· ausreichend Sauerstoff vorhanden ist,
· das richtige Mischungsverhältnis vorliegt und
· die nötige Zündenergie (z. B. Zündfunke) zugeführt wird.

Im Vergleich zu anderen Energieträgern besitzt Flüssiggas einen relativ hohen gravimetrischen Heizwert (s. Tab. 30 im Anhang). Bezieht man den Heizwert allerdings auf das Volumen, haben Propan und Butan deutliche Defizite gegenüber Diesel- oder Benzinkraftstoffen. Die Dichte von Flüssiggas (540 g/l) beträgt lediglich zwei Drittel von vergleichbarem Kraftstoff für Ottomotoren (Benzin: 730 g/l). Der volumenspezifische Heizwert liegt bei drei Viertel. Der daraus resultierende höhere Verbrauch von Flüssiggas liegt im Vergleich zu Benzin rein rechnerisch bei rund 26 %. In der Praxis ist der Bedarf allerdings nur um 10 bis 20 % höher. Diese Abweichung liegt unter anderem daran, dass ein Flüssiggas/Luft-Gemisch in der Brennkammer besser durchmischt vorliegt als ein Benzin/Luft-Gemisch.

Die Merkmale von Autogas gegenüber Benzin und Diesel:

+ niedrigere Treibstoffkosten
+ problemloser Einbau in Fahrzeuge mit Ottomotor
+ reduzierter Schadstoffausstoß
+ leiserer Betrieb
+ hohe Klopffestigkeit wegen hoher Oktanzahl (ROZ: 105)
+ verlängerte Motorlebensdauer
+ hohe Reichweiten bei bivalentem Betrieb
+ problemloser Kraftstoffwechsel während der Fahrt
+ bis 2018 steuerbegünstigt
· ausreichende, ständig wachsende Versorgungsdichte (ca. 6.000)
– Nachrüstkosten: 1.000 bis 2.500 Euro
– Platzeinbußen im Fahrzeug durch Tankeinbau
– unterschiedliche Tankstutzen im Ausland

4.3.4 Speicherung

Flüssiggas wird bereits seit Jahrzehnten im Wärmemarkt eingesetzt und ist nicht leitungsgebunden. Im Gegensatz zu Erdgas, das über ein weit verzweigtes Rohrleitungsnetz verteilt wird, wird Flüssiggas mit Tankfahrzeugen angeliefert. Dadurch ermöglicht es den Einsatz moderner Gastechnik auch dort, wo keine Gasinfrastruktur vorhanden ist.

ABB. 28: PROPANWECHSELFLASCHE

Bei Flüssiggastanks für Pkw handelt es sich zumeist um zylindrische Behälter, in denen ein maximaler Betriebsdruck von zehn bar herrscht. Wegen des relativ geringen Drucks im Vergleich zum Erdgastank (200 bar), kann die Tankgeometrie relativ flexibel gestaltet werden. Im Allgemeinen werden die Tanks im Kofferraum montiert. Aus Gründen des geringeren Platzbedarfs gibt es so genannte *Muldentanks*. Hierbei handelt es sich um Behälter, die anstelle des Reserverades in der Kofferraummulde eingebaut werden. Nachteilig bei dieser Variante ist jedoch das geringe Speichervolumen, so dass die Reichweite des Fahrzeugs mit LPG nicht ganz so groß ist wie mit Benzin. Außerdem muss in diesem Fall das Reserverad anderweitig untergebracht beziehungsweise durch einen Reifenreparatur-Spray (Reifenpilot) ersetzt werden.

Jeder Tank muss vorgegebene Sicherheitsanforderungen erfüllen (internationale Transportvorschriften). Seit 1984 werden Tanks mit einer Füllbegrenzungseinrichtung versehen, damit sie maximal auf 80 % des Volumens befüllt werden können. Der restliche zur Verfügung stehende Raum ist notwendig, damit sich der Kraftstoff im Falle einer Erwärmung ausdehnen kann, ohne dass im Behälter Flüssigkeitsdruck auftritt.

Darüber hinaus müssen die Tanks über ein Absperrventil verfügen, womit sie bei Bedarf (z. B. bei Wartungsarbeiten oder bei schleichendem Gasverlust in der Leitung) geschlossen werden können. Im Falle einer etwaigen Beschädigung des Leitungssystems verhindert zudem ein Durchflussmengenbegrenzer die schlagartige Entleerung der Gastanks.

Eine Schmelzlotsicherung stellt eine Druckentlastung bei großem Wärmeeintrag (im Brandfall) sicher, indem das Lot bei hohen Temperaturen schmilzt, so dass nach einem vorgegebenen Zeitraum eine kontrollierte Druckentlastung eintritt. Darüber hinaus verfügen Druckbehälter über Sicherheitsventile, die für einen Druckausgleich sorgen, falls der Behälterdruck zu sehr ansteigt. Um dieses Ventil noch zusätzlich abzusichern, werden zum Teil ergänzend Berstscheiben eingesetzt, die für Entspannung sorgen, bevor der Berstdruck des Behälters erreicht ist. Bei der Prüfung müssen die LPG-Behälter einen Prüfdruck von bis zu 30 bar aushalten. Für diese Druckgasflaschen gilt 45 bar als absolute Obergrenze.

In Gasfahrzeugen mit mehreren Tanks verfügt zudem der erste der in Reihe geschalteten Druckgasbehälter über ein Rückschlagventil. Dies verhindert, dass Gas im Falle eines Defektes im Bereich des Befüllanschlusses in die falsche Richtung strömen kann (aus der Flasche hinaus).

Flüssiggasanlagen in Pkw sind in sich geschlossene Drucksysteme, so dass während des Betankungsvorganges kein Kraftstoff austreten und keine Luft ein-

ABB. 29: VOLUMEN BZW. GEWICHT UNTERSCHIEDLICHER KRAFTSTOFFSYSTEME
Bezogen auf die Speicherung von 55 Liter Benzinäquivalent

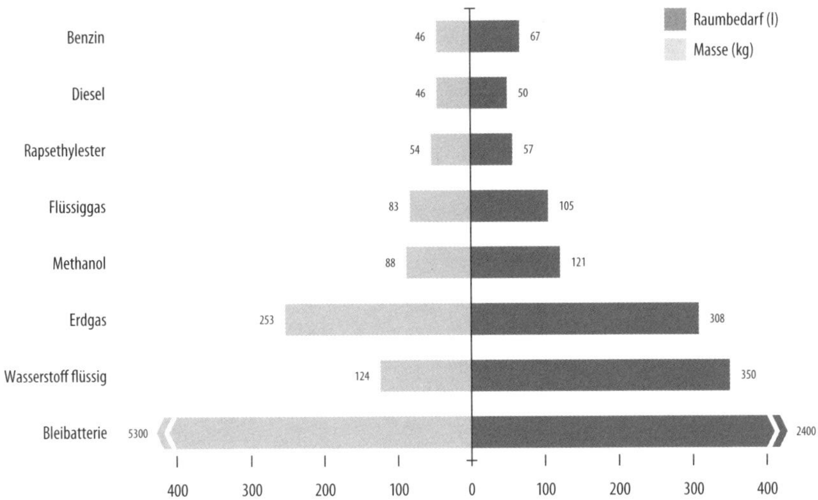

dringen kann. In ordnungsgemäß installierten Tanksystemen kann sich somit durch das Fehlen von Luft kein brennbares oder explosionsfähiges Gas/Luft-Gemisch bilden.

Generell gibt es bei der Speicherung von Energieträgern erhebliche Unterschiede zwischen gasförmigen, flüssigen und festen Kraftstoffen. In Abbildung 29 ist ein Vergleich mehrerer Varianten zu sehen, wobei neben dem Kraftstoff auch die Behälter mitberücksichtigt wurden. Als Bezugsgröße wurde ein Benzinäquivalent von 55 Litern gewählt. Alle anderen Speicherungsarten wurden dementsprechend umgerechnet. Diesel ist demnach die kompakteste Speicherungsvariante, denn Diesel speichert auf geringstem Raum und bei geringster Masse am meisten Energie. Flüssiggas hat zwar einen relativ hohen gewichtspezifischen Heizwert. Die Energiedichte des LPG/Luft-Gemisches liegt jedoch zwei Prozent niedriger als die eines Benzin/Luft-Gemisches. Hinsichtlich des Raumbedarfs und der Masse liegt LPG weit vor anderen Gaskraftstoffen (z. B. CNG, gasförmiger Wasserstoff) und Methanol.

4.3.5 Umrüstsysteme

Wird von Flüssiggasmotoren gesprochen, handelt es sich meist um umgerüstete Ottomotoren. Beim Umbau bleibt der Motor selbst weitestgehend unverändert, es werden lediglich einige zusätzliche Komponenten installiert. Beim Einsatz von Flüssiggas in Dieselmotoren kann lediglich ein gewisser Prozentsatz des Kraftstoffes (ca. 35 %) ersetzt werden. Für den Betrieb mit reinem Flüssiggas ist jedoch eine Fremdzündung notwendig, wie sie in Ottomotoren verwendet wird.

Die am Markt vorhandenen Autogassysteme zum Umrüsten von Gebraucht- und Neuwagen lassen sich in so genannte *Venturisysteme* (selbstansaugende Systeme) und *Einspritzsysteme* unterteilen. Der grundsätzliche Aufbau sieht vor, dass ein Verdampfer beziehungsweise Druckregler das aus dem Tank kommende flüssige Autogas in den gasförmigen Zustand überführt und gleichzeitig auf den für die Gemischbildung notwendigen Druck reduziert. Flüssiggasbehälter verfügen bei Umgebungstemperaturen (20 °C) in der Regel über einen Druck von acht bar.

Moderne Autogassysteme ähneln prinzipiell gängigen Benzineinspritzanlagen. Sie führen den gasförmigen Kraftstoff mit Überdruck direkt bis vor die Einlassventile der einzelnen Zylinder. Ein Mikroprozessor regelt den Autogasantrieb und stellt so eine schadstoffarme und wirkungsoptimierte Verbrennung im Motor sicher.

LPG-Systeme, wie sie momentan genutzt werden, existieren mittlerweile in der sechsten Generation.

4.3.5.1 Die 1. Generation

Die erste und einfachste Generation wird immer noch in Ländern genutzt, die keine strikten Emissionsgrenzwerte haben. Zu diesen Ländern gehören beispielsweise Indonesien, die frühere Sowjetunion sowie einige Länder Afrikas und des Mittleren Ostens. Systeme wie das von Impco (USA) werden zurzeit noch in Gabelstaplern und Industriemaschinen weltweit benutzt. Es gab weitere Systeme, die ähnlich aufgebaut waren, zum Beispiel von Landi Renzo, Lovato, Bedini und Tartarini (alle aus Italien).

4.3.5.2 Die 2. Generation

In der zweiten Systemgeneration wurde das rein mechanische Basismodell um elektronische Komponenten erweitert. Die Dosierung der Gasmenge wurde zwar noch durch den Druckregler und die Mischeinheit übernommen, diese wurden nun aber elektronisch überwacht. Dadurch wurde der Einsatz von 3-Wege-Katalysatoren mit Lambdasonden-Regelung möglich.

Als Beispiel der zweiten Generation dient das Prinzip von Necam (Niederlande). Es handelte sich hierbei um ein System mit Venturidüse und Drosselklappe. Durch den erhöhten Strömungswiderstand (Unterdruck) infolge der Querschnittreduzierung im Ansaugtrakt trat hierbei allerdings ein Wirkungsgradverlust auf. Im Gegensatz zu anderen Herstellern platzierte Necam die Mischeinheit nicht oberhalb, sondern unterhalb der Drosselklappe. Da Flüssiggas schwerer als Luft ist, ließ sich die Kraftstoffmenge dadurch besser dosieren.

Damals musste alles noch manuell eingestellt werden. Erst seit 1995 gibt es Systeme, die sich selbst regulieren. Es wurden elektronische Einheiten konzipiert, die lernfähig sind, wodurch das Handanlegen entfiel. Unterschiedliche Propan-Butan-Zusammensetzungen konnten dadurch in gewissen Grenzen erkannt und ohne Nachregulieren betrieben werden.

4.3.5.3 Die 3. Generation

Bei der dritten System-Generation handelte es sich um die so genannte *Single-Point-Einspritzung*. Dieses System (GFI-II) hat sehr stark in den USA Verbreitung gefunden. Da es sehr kompliziert und störanfällig war, wurde es jedoch bald durch die *Multi-Point-Einspritzung* (s. Kap. 4.3.5.4) ersetzt. Der wesentliche Unterschied zwischen diesen beiden Systemen ist, dass bei der Multi-Point-Einspritzung an mehreren Stellen statt nur an einer Stelle eingespritzt wurde.

4.3.5.4 Die 4. Generation: MEGA-System

Das MEGI-System (Multi Point Electronic Gas Injection), auch MEGA genannt, wurde von Koltec und Necam gemeinsam mit TNO (alle Niederlande) entwickelt und ist immer noch vielfach im Einsatz. Flüssiggas wird hierbei gasförmig in ein zentrales Mischsystem eingeblasen. Die Gefahr des Rückzündens (Backfiring) und seine Folgen sind damit weitgehend unterbunden.

Weitere Vorteile dieser vierten Generation gegenüber den Vorgängermodellen sind eine bessere Kraftstoffdosierung, weniger Schadstoffe und eine höhere Zuverlässigkeit. Da die Einspritzsysteme keine Verengung im Ansaugrohr aufweisen, entfällt der damit verbundene Wirkungsgradverlust.

ABB. 30: DRUCKREGLER & VERDAMPFER

Foto: S. Geitmann

Bei diesem System gelangt das Flüssiggas vom Tank in den Druckregler (s. Abb. 30), allerdings nur, wenn der Motor läuft, damit der durchfließende Kraftstoff auch tatsächlich verbrannt wird und sich nicht im Kraftstoffsystem ansammeln kann. Für eine entsprechende Überwachung ist ein elektromagnetisches Ventil zuständig, das bei Motorstillstand geschlossen ist. Gelangt nun das Flüssiggas zum Druckregler, wird es dort in zwei Stufen entspannt und somit von der flüssigen in die gasförmige Phase überführt. Der

Tankdruck von acht bar wird in der ersten Stufe im Verdampfer auf etwa 1,4 bar und dann in der zweiten Stufe auf 0,96 bar vermindert. Diese Drücke sind einstellbar. Der Druckregler wird über das Kühlwasser des Motors beheizt, da sich der Kraftstoff beim Entspannen stark abkühlt und die Zuleitung ansonsten auf Dauer vereisen könnte.

Vom Verdampfer gelangt das Gas zunächst zum Gasfilter und dann zum Verteiler (Gasdosiereinheit), der die einzelnen Zylinder der Reihe nach mit der richtigen Gasmenge versorgt. Die passiven Einblasdüsen sitzen direkt vor dem Einlassventil am Saugrohr. Das Gas wird gemäß dem kontinuierlichen Einspritzprinzip stetig im Saugrohr zugeführt.

Die wichtigsten Signale für den Mikroprozessor im Steuergerät stellen die Drehzahl und der absolute Druck im Ansaugrohr (MAP = Manifold Absolute Pressure = absoluter Ladedruck) dar. Der MAP-Sensor ist im Motorraum installiert. Weitere Signale betreffen die Drosselklappenstellung sowie den Lambda-Wert. Das wichtigste Ausgangssignal des Steuergerätes stellt das Signal für den Schrittmotor des Verteilers dar, weil darüber die korrekte Menge des zugeführten Gases geregelt wird.

Da dieses System über ein unabhängiges Motormanagementsystem mit eigenem Steuergerät (ECU = Electronic Control Unit) verfügt, kann es auch für monovalente Fahrzeuge genutzt werden. Das System ist selbstregulierend und verfügt darüber hinaus über eine Lernfunktion. Im Steuergerät sind die notwendigen Kennfelder abgespeichert. Für nahezu alle Lastzustände existieren Daten über die jeweiligen Betriebszustände. So kann die Gemischzusammensetzung reguliert und korrigiert werden, bevor sich die Abgaswerte verschlechtern.

Gestartet wird der Motor bei bivalentem Betrieb immer mit Benzin. Nach einiger Zeit, sobald die Solltemperatur erreicht ist, findet dann der mikroprozessorgesteuerte, kaum merkliche Wechsel auf LPG statt. Mit dem am Armaturenbrett eingebauten Schalter lässt sich während der Fahrt problemlos zwischen Benzin und Gas umstellen. Wenn der Gastank nahezu leergefahren ist, gelangt immer weniger Kraftstoff zum Motor, wodurch sich die Verbrennung verschlechtert, so dass der Katalysator beschädigt werden könnte. Um dies zu vermeiden, schaltet das System bei einer verminderten Gaszufuhr automatisch auf Benzinbetrieb um.

ABB. 31: SEQUENTIELLES ZYLINDERSELEKTIVES SYSTEM

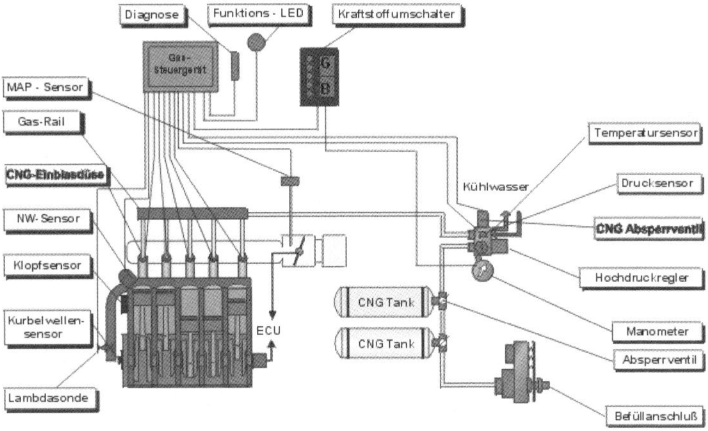

Quelle: IAV

4.3.5.5 Die 5. Generation: Sequentielles System

Das System der fünften Generation baut auf dem MEGA-System auf. Anstelle des Verteilers mit Schrittmotor gibt es aber in diesem Fall eine Einspritzleiste (ähnlich einer Common Rail). Von dieser Leiste führen Schläuche zu den Einblasdüsen, die aktiv vom Steuergerät angesteuert werden. Das Steuergerät sendet ebenso viele Signale, wie der Motor Zylinder hat, an die dementsprechenden Einblasdüsen. Dies bedeutet, dass jeder Zylinder individuell mit Gas versorgt wird.

Dieses System hat gegenüber dem kontinuierlichen MEGA-System folgende Vorteile:

· Jeder Zylinder erhält seine eigene Ration Kraftstoff.
· Die Gasmenge wird schneller und genauer dosiert.
· Das Gemisch ist homogener (optimales Gas/Luft-Verhältnis).
· Die Leistung und das Drehmoment sind höher.
· Der Verbrauch und die Emissionen sind geringer.

ABB. 32: LPI-SYSTEM VON VIALLE

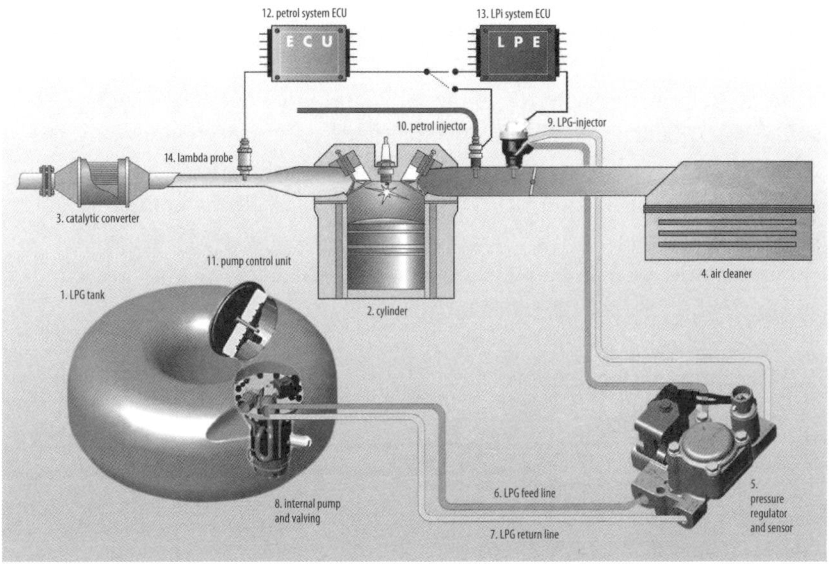

1. Tank	5. Druckregler	9. LPG-Einspritzdüse	13. Flüssiggas-Steuergerät
2. Zylinder	6. Kraftstoff-Versorgungsleitung	10. Benzin-Einspritzdüse	14. Lambda-Sonde
3. Katalysator	7. Kraftstoff-Rückstromleitung	11. Pumpensteuerung	
4. Luftfilter	8. Pumpe	12. Benzin-Steuergerät	

Quelle: Vialle

4.3.5.6 Die 6. Generation: Direkteinspritzung

Die sechste Generation bildet ein System, bei dem der Kraftstoff mit Hochdruck vor der Brennkammer eingespritzt wird. Dieses Verfahren wird auch als Direkteinspritzung bezeichnet, obwohl gar nicht direkt in die Brennkammer eingespritzt wird.

Die Abkürzung LPI steht für *Liquid Propane Injection* (Flüssigpropan-Einspritzung). Das Arbeitsprinzip ist von der Firma Vialle aus den Niederlanden entwickelt worden. Es unterscheidet sich grundlegend von den Verfahren anderer LPG-Zulieferer, die auf die Einspritzung von Flüssiggas im gasförmigen

Aggregatzustand setzen. Genau wie im Benzinbetrieb wird hierbei jedoch flüssiger Kraftstoff eingespritzt.

Ursprünglich (1993) war dieses Verfahren als Single-Point-Einspritzung konzipiert worden, wurde jedoch wegen der geringeren Rückzündungsgefahr auf die Multi-Point-Variante umgebaut.

Die im Tank befindliche Membranpumpe setzt den Kraftstoff unter Druck, damit dieser nicht verdampft. Ansonsten könnte es in der Leitung an heißen Stellen im Motorraum zur Gasblasenbildung kommen. Dies wiederum würde beim Einspritzvorgang zum Druckverlust führen. Um die Blasenbildung zu vermeiden, muss ein ausreichend hohes Druckniveau vorliegen. In der Rückströmleitung befindet sich deshalb ein Druckregler, der den Druck immer mindestens fünf bar über dem aktuellen Tankdruck (5 bar bei 25 °C) hält.

Die LPG-Einspritzdüsen sitzen direkt vor den Einlassventilen, wo das Flüssiggas während des Einlasstaktes sequentiell bei jedem einzelnen Zylinder eingespritzt wird. Der flüssige Kraftstoff verdampft bei der Einspritzung sofort und kühlt sich und die angesaugte Luft ab. Durch die Abkühlung der angesaugten Luft erhöht sich deren Dichte. Dies bewirkt eine bessere Füllung der Brennkammer sowie eine höhere Leistungsfähigkeit, die um etwa drei Prozent höher liegen soll als die von Benzin. [Sykes, 1999]

Die Signale für die Einspritzung kommen vom Benzinsteuergerät, gehen als Input ins LPG-Steuergerät und werden weiter an die Düsen geleitet. Die Ansteuerung über das Benzinsteuergerät ist möglich, da die LPG- und die Benzineinspritzdüsen ähnliche Charakteristika aufweisen. Das Lambdasondensignal wird nur an das Benzinsteuergerät geleitet. Das bedeutet, dass dies die Grunddaten und meisten Berechnungen vorgibt. Für das LPG-Steuergerät bleibt der Druck des Flüssiggases als wichtigster Parameter. Das System ist ausgelegt für Umgebungstemperaturen von −25 °C bis +70 °C. Ein beheizter Verdampfer ist überflüssig.

Die Vorteile dieses Systems sind laut Vialle, dass kein Unterschied zwischen LPG- und Benzinbetrieb bemerkbar ist, keine Leistungseinbußen auftreten, keine Einstellungen notwendig sind, keine Rückzündungsgefahr besteht und keine Einflussmöglichkeiten seitens der Umgebungsfaktoren (Temperatur, Feuchtigkeit) zu befürchten sind.

Auf ähnlicher Basis funktioniert auch das *JTG-System* von Icom.

4.3.6 Umrüstung

Eine Umrüstung von Fahrzeugen auf Flüssiggasbetrieb ist mittlerweile für fast alle Modelle möglich. Wegen der anfallenden Umbaukosten und der Amortisationszeit von zwei bis fünf Jahren (40.000 bis 100.000 km) kommen allerdings vorrangig neuere Modelle in Frage. In autorisierten Fachwerkstätten können diese umgebaut werden und erhalten in der Regel die erforderliche Betriebserlaubnis vom TÜV, wenn die eingebauten Komponenten entsprechend der ECE R 115 genehmigt wurden. Direkt ab Werk werden kaum Neuwagen von den Herstellern angeboten, obwohl es mittlerweile mehr werden. Hier gab es lange Zeit nur die Möglichkeit, entsprechend umgebaute Autos aus dem Ausland zu importieren (s. übernächstes Kapitel 4.3.8).

Die Oktanzahl gibt die Klopffestigkeit von Kraftstoffen an: Eine hohe Zahl bedeutet hohe Klopffestigkeit und geringe Neigung zu unerwünschten Frühzündungen im Brennraum. Je nach Kraftstoff und chemischer Strukturformel variiert das Klopfverhalten. n-Heptan gilt als klopffreudig, während ein vielfach verzweigtes iso-Oktan eher klopffest ist. Weist ein Kraftstoff das gleiche Klopfverhalten auf wie der Referenzkraftstoff (5 % n-Heptan & 95 % iso-Oktan), erhält dieser Energieträger die Oktanzahl 95. Früher wurde die Klopffestigkeit mit Hilfe von Additiven erhöht, indem beispielsweise Blei-Tetraethyl beigemischt wurde. Da aber viel Blei – ebenso wie viel Benzol – umweltschädlich ist, ist man von diesem Verfahren abgekommen.

Bei der Umrüstung von Pkw und Nutzfahrzeugen wird meistens ein bivalenter Antrieb (zwei Kraftstoffe) gewählt. Bivalente LPG-Fahrzeuge bieten die Option, mit Benzin oder Flüssiggas zu fahren. Da der Flüssiggastank zusätzlich zum Benzintank eingebaut wird, vergrößert sich die Reichweite des Fahrzeugs erheblich. Die Motoren bleiben jedoch weiterhin für den Benzinbetrieb optimiert.

Da die Oktanzahl von Benzin niedriger liegt als die von Flüssiggas (s. Tab. 15), liegt auch die Klopfgrenze dementsprechend niedriger. Deswegen können die Motoren nur mit einer relativ geringen Verdichtung ($\varepsilon = 9$ bis 10) betrieben werden. Die höhere Oktanzahl von Flüssiggas im Vergleich zu Benzin kann dadurch nicht voll ausgenutzt werden.

Bei monovalenten LPG-Fahrzeugen, die für den Flüssiggasbetrieb optimiert sind, kann demgegenüber die höhere Oktanzahl voll ausgenutzt werden, wodurch die Leistungsausbeute steigt. Da es jedoch lange Zeit nur relativ wenige

TAB. 15: OKTANZAHLEN IM VERGLEICH

	Benzin normal	Benzin Super	Benzin Super plus	Flüssig-gas	Methanol	Ethanol	Erdgas
Research-Oktanzahl	91	95	98	101 – 107	114	111	130
Motor-Oktanzahl	80	90	90	95	95	94	

Tankstellen gab, wurden kaum monovalente Fahrzeuge angeboten beziehungsweise gekauft.

Darüber hinaus gibt es die Möglichkeit, Fahrzeuge für den LPG-Betrieb zu optimieren und lediglich für den Notfall eine Umschaltung auf Benzin vorzusehen. So können die Vorteile von Flüssiggas genutzt werden. Im Bedarfsfall kann mit einer geringen Benzinreserve die nächstliegende Flüssiggastankstelle angesteuert werden, unter Berücksichtigung dessen, dass die Klopfgefahr in diesem Fall steigt.

Weitere Erfahrungen im Umgang mit Autogas finden sich im Anhang im Fahrbericht Flüssiggas (s. Kap. 9.1.1).

4.3.7 Kosten

Die Umrüstkosten, die sich je nach Modell und Werkstatt zwischen 1.000 und 3.200 Euro bewegen, amortisieren sich erst nach mehreren Jahren beziehungsweise mehreren Tausend Kilometern. Bei Mittelklassewagen sind etwa 60.000 Kilometer zu fahren, bevor tatsächlich „nur für die Hälfte" getankt werden kann. Es gilt dabei allerdings die Devise: Ihr Einsparpotential können Gasfahrzeuge nur dann voll entfalten, wenn sie möglichst viel im reinen Gasbetrieb gefahren werden.

In einem vom ADAC ausgeführten Kostenvergleich schnitt Autogas am besten ab. Der Automobil-Club analysierte dabei die Umrüstkosten für 50 gängige Modelle und verglich unter anderem die Verbrauchswerte im Benzin-, Erdgas-

und Autogasbetrieb, die Leistung, die Reichweite und natürlich die Spritkosten. Das beste Verhältnis von Investitionen zu Ersparnissen erzielt dabei der Audi A8 4.2 Quattro im LPG-Betrieb, bei dem sich die 3.200 Euro teure Umrüstung nach 45.000 km rechnet. Auch im Kleinwagensegment können der Fiat Punto 1.2 8V sowie der Renault Twingo jeweils im Flüssiggasbetrieb mit niedrigen relativen Kosten glänzen. Eine Amortisation wird hier allerdings erst nach rund 80.000 km erreicht. Im direkten Vergleich liegen die Spritkosten bei Erdgasautos zwar immer deutlich niedriger als bei Flüssiggasautos. Eine Amortisation der hohen Investitionskosten bei Erdgasmodellen wird aber meist erst spät erreicht (z. T. nach über 100.000 km), auf jeden Fall immer später als bei LPG-Modellen. [Steffan, 2006]

Besonders wirtschaftlich sind LPG-Fahrzeuge bei hohen jährlichen Fahrleistungen zum Beispiel bei Taxiunternehmen, Firmenfahrzeugen (Außen- und Kundendienst) und kommunalen Betrieben (Stadtwerke, Müll-Betriebe).

Auf jeden Fall sollte darauf geachtet werden, dass sowohl Umrüstung als auch Reparaturarbeiten nur von ausgebildeten Mechanikern durchgeführt werden.

Die Spritpreise für LPG liegen bezogen auf den gleichen Energieinhalt etwa bei 60 % der Benzinpreise.

4.3.8 Fahrzeuge

Die Modellpalette hat lange Zeit zu wünschen übrig gelassen. Mittlerweile gibt es jedoch Serienfahrzeuge mit Herstellergarantie, so dass Autogas nicht mehr länger nur als Kraftstoff für den Nachrüstmarkt angesehen werden kann. Hier einige Beispiele in alphabetischer Reihenfolge der Hersteller (ohne Anspruch auf Vollständigkeit):

Zeitlich befristet bot **Cadillac** im Jahr 2006 Neufahrzeuge ohne Aufpreis mit Flüssiggasantrieb an. Bei allen Händlern konnten die Modelle STS, CTS, SRX und Escalade von der General-Motors-Edelmarke als Autogasversion geordert werden.

Seit 2005 bietet **Chevrolet** an, alle aktuellen Modelle (Epica, Captiva, HHR, Kalos, Lacetti, Nubira, Rezzo und Evanda) auf Wunsch umzurüsten. Neu hinzugekommen ist mittlerweile der Aveo. Für den städtischen Nahverkehr bietet Chevrolet zudem seinen Matiz als Autogas-OEM-Fahrzeug an. Trotz seines niedrig dimensionierten Motors (38 kW bei 800 cm^3) erreicht der kleine Flitzer mit einer Landi-Renzo-Anlage eine Geschwindigkeit von über 140 km/h und verbraucht im Schnitt 7 bis 8 l Autogas (5,2 l Normalbenzin).

Citroen bietet nicht nur den C5 mit Autogas an, sondern mittlerweile auch die Modelle C3, C4, Berlingo, Xsara, Picasso und C8.

Daimler bietet mittlerweile den Sprinter als LPG-Variante an, nachdem das Unternehmen lange Zeit ausschließlich auf Erdgas gesetzt hatte.

Fiat bietet seit Juni 2006 für alle Benzinmodelle Nachrüstlösungen an (2.000 bis 2.500 Euro). Die von den Italienern vertriebenen Anlagen verfügen über Muldentanks (42 bis 72 l) und werden an Stelle des Reserverades mit einem Pannenset ausgeliefert.

Ford bietet seit Ende 2009 den Focus LPG und auch den C-Max LPG zu einem Mehrpreis von jeweils 2.500 Euro an.

Lada bietet seine gesamte Fahrzeugpalette mit LPG-System an. Dazu zählen neben den Kalina- auch die Priora-Modelle, bei denen eine Umrüstung nur 1.500 Euro kostet. Der Lada Niva ist eines der wenigen am Markt erhältlichen monovalenten Fahrzeuge, das zudem beim ADAC-Kostenvergleich „hervorragend“ abschnitt.

Mazda ist ebenfalls in den Autogasmarkt eingestiegen. Seit Januar 2008 offerieren die Japaner für den Mazda 6 (2007er Modell) die Umrüstung mit einer TeleflexGFI-Anlage (sequentielles System). Die LPG-Version des 2-l-Benziners erhält einen modifizierten Zylinderkopf und drei Jahre Garantie.

Auch **Mitsubishi** bewegt sich in diese Richtung. Der asiatische Autokonzern vermittelt auf Bestellung die Umrüstung über entsprechende Vertragspartner.

ABB. 33: SUBARU FORESTER MIT LPG-ANTRIEB

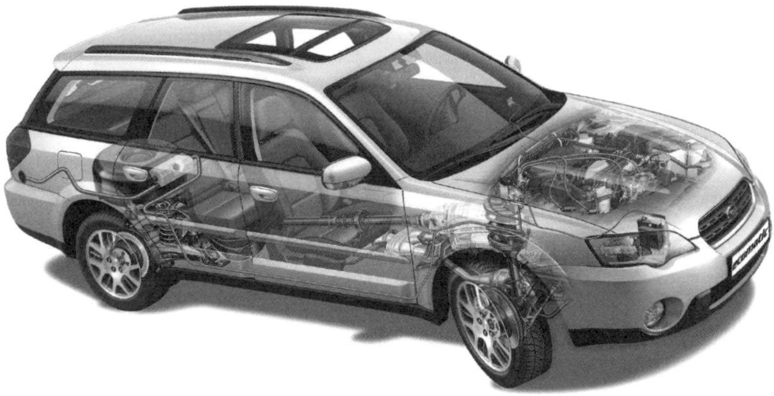

Quelle: Subaru

Von **Opel** gibt es seit Anfang 2007 ein autorisiertes Umrüst-Kit, das auch die Euro-Norm ECE R 115 erfüllt. Es wird für die Modelle Corsa C 1.2, Meriva 1.4, Astra 1.6 Ecotec, Zafira B 1.8 sowie Vectra C 1.8 angeboten. Die Garantieleistung für die mit rund 2.500 Euro veranschlagte Umrüstung mit einem System von Landi Renzio übernimmt dabei der Technologiepartner Irmscher. Der Combo wurde auch schon zuvor angeboten.

Ein Smogalarm in Paris veranlasste den französischen Automobilkonzern **Peugeot** bereits vor Jahren dazu, seine Fahrzeugflotte um LPG-Modelle zu erweitern. Für den Peugeot 406 GPL (Gaz de Pétrole Liquéfié) wurde der 1,8-l-Vierzylinder-Motor für bivalenten Betrieb ausgelegt. Der Rumpfmotor wurde nahezu vollständig übernommen. Lediglich der Zylinderkopf sowie der Ventiltrieb wurden geringfügig modifiziert. Die Einlassventile bekamen im Sitzbereich eine Stellit-Panzerung. Der Motor erzeugte eine Nennleistung von 81 kW bei 5.500 Umdrehungen pro Minute und verlor im LPG-Betrieb 4,5 kW. Der Mehrverbrauch gegenüber dem Benzinbetrieb betrug volumenbezogen 20 %.

Gegenüber dem Benzinbetrieb wurde der Zündwinkel im LPG-Betrieb um 6 °KW vorverlegt. Hierfür wurde im Steuergerät ein zweites Kennfeld abgelegt. Neben einer Bosch Motronic kam das LPG-Management-System des niederländischen Zulieferers Necam zum Einsatz. Der 406 GPL emittierte von den Ozonvorläufersubstanzen (NO_X, HC) nur halb so viel wie ein konventioneller, benzinbetriebener Ottomotor. Bei Interesse an Autos von Peugeot müssen diese aus dem Ausland importiert werden.

Eine regelrechte Autogas-Offensive hat **Subaru** gestartet. Für die Modelle mit 2,0- und 2,5-l-Motoren von 2004 und 2005 gab es bereits LPG-Ausstattungen. Ebenso für die 2003er-Fahrzeuge Forester, Legacy, Outback und Impreza. Seit 2006 werden zudem fast alle weiteren Modelle auf Wunsch mit Autogasantrieb ausgestattet. Der Subaru Outback 2,5i ecomatic ist beispielsweise für 38.400 Euro erhältlich, verfügt über 121 kW und verbraucht im Gasmodus durchschnittlich 11,2 l auf 100 km. Um ihn jedoch mit Flüssiggas betreiben zu können, muss er umgerüstet werden, was zusätzliche Kosten in Höhe von 3.100 Euro bedeutet. Wird der Umbau gleich beim Neukauf als Zubehör mitbestellt, wird die LPG-Anlage noch vor der Zulassung eingebaut, so dass die dreijährige Subaru-Garantie auch für die Autogasteile gilt.

Volkswagen bietet seit Juni 2006 den Sharan gemeinsam mit PrinceGas als Autogasvariante an. Die Familienkutsche verfügt über einen 85-kW-Ottomotor, der aus einem 75 l fassenden Reserveradmuldentank versorgt wird. Wegen des nicht unerheblichen Verbrauchs von 14,1 Litern auf 100 Kilometern beträgt die Reichweite allerdings trotz dieses voluminösen Behälters nur 450 Kilometer. Der Mehrpreis für dieses LPG-Modell beläuft sich auf 2.425 Euro.

4.3.9 Sicherheit

Etwaige Ängste, Gasfahrzeuge seien gefährlich oder würden gar bei einem Unfall explodieren, sind unbegründet. Dies bestätigte auch der ADAC, der sowohl einen Crash-Test als auch einen Brandversuch vornahm. Bei dem simulierten Unfall deformierte sich zwar das Fahrzeugheck, aber der in der Reserveradmulde installierte Tank nahm keinerlei Schaden, ebenso wenig wie seine

TAB. 16: GARAGEN-VERORDNUNGEN FÜR AUTOGASBETRIEBENE KFZ

Bundesland	gemäß jeweils gültiger Garagen-Verordnung (GaVO)
Baden-Württemberg, Bayern, Berlin, Hamburg, Hessen, Mecklenburg-Vorpommern, Niedersachsen, Nordrhein-Westfalen, Rheinland-Pfalz, Sachsen, Sachsen-Anhalt, Schleswig-Holstein, Thüringen	kein Abstellverbot
Zusatz-Sonderregelung Berlin, Bremen, Saarland	· Abstellverbot bei Kfz-Antrieb mit Gasen schwerer als Luft, wenn nicht sichergestellt ist, dass austretendes Gas gefahrlos ins Freie entweichen kann · Prüfung durch den Sachverständigen
Zusatz-Sonderregelung Brandenburg	Abstellverbot in unterirdischen Garagen (Hinweisschilder)
Muster der ARGEBAU für alle Bundesländer	kein Abstellverbot

Halterungen. Beim Brandversuch wurde Gas mehrmals kontrolliert über das Sicherheitsventil abgelassen, ohne dass dadurch ein vergrößertes Gefährdungspotential entstanden wäre. Nach zehn Minuten war der Tank leer, ohne dass er gerissen oder geplatzt wäre.

Ein zweiter sicherheitsrelevanter Aspekt bei Gasfahrzeugen ist das Parken in Garagen. Seit Inkrafttreten der novellierten Garagenverordnung am 30.11.1993 ist das Abstellen von Kraftfahrzeugen, die mit Flüssiggas betrieben werden, auch in Tiefgaragen zulässig. Die immer noch an einigen öffentlichen Tiefgaragen angebrachten Verbotsschilder entsprechen nicht mehr den aktuellen Regelungen. Um die Nutzung von umweltfreundlichen Fahrzeugen nicht unnötig zu erschweren, sollten diese Schilder entfernt werden.

Je nach Bundesland gibt es zum Teil Zusatzbestimmungen (s. Tab. 16).

Die Betankung stellt kein Sicherheitsrisiko dar, allerdings muss berücksichtigt werden, dass im Ausland mitunter andere Zapfanschlüsse gebräuchlich sind:

- ACME (Europa): Schraubverschluss in Deutschland, Belgien, Irland, Teile Österreichs

TAB. 17: VERGLEICH VERSCHIEDENER ENERGIETRÄGER

	Benzin mit Kat.	LPG mit Kat.	Diesel	Biodiesel	Pflanzenöl	CNG mit Kat.	Wasserstoff	Batterie
Eignung	0	0	0	0	0	0	0	–
Kosten	0	0	+	–	–	–	– – –	– – –
CO	0	+++	+	+	+	+++	+++	+
HC	0	+++	+	+	+	++	+++	+
NO_X	0	++	–	–	–	+++	++	+
CO_2	0	++	+	++	++	++	+++	–
Partikel	0	+++	–	–	– – –	+++	+++	+++

viel besser als Durchschnitt	+++
besser als Durchschnitt	++
etwas besser als Durchschnitt	+
Durchschnitt	0
etwas schlechter als Durchschnitt	–
schlechter als Durchschnitt	– –
viel schlechter als Durchschnitt	– – –

Quelle: DVFG

- ACME mit Bajonettverschluss: Großbritannien, Spanien, Luxemburg, Niederlande
- Dish: Italien, Frankreich, Polen, Tschechien, Teile Österreichs und Ungarns

Entsprechende Adapter sollten nicht nachgebaut, sondern käuflich von Umrüstbetrieben erworben werden.

4.3.10 Umwelt

Die Anteile der gesetzlich limitierten Abgasemissionen (CO, HC und NO_X) sind bei der Verbrennung von Flüssiggas erheblich niedriger als bei Benzin oder Dieselöl. Schwefel kommt im Flüssiggas fast gar nicht vor. Außerdem liegt der Ausstoß gesundheitsschädlicher Abgasbestandteile wie Benzol, Aldehyde und polyzyklische aromatische Kohlenwasserstoffe (PAK) deutlich niedriger. Fahrzeuge im Autogasbetrieb emittieren gegenüber Benzinfahrzeugen rund 15 % weniger CO_2.

Bei einer direkten Gegenüberstellung unterschiedlicher alternativer Antriebskonzepte weist Flüssiggas eine positive Umweltbilanz auf (s. Tab. 18). Als Bezugsgröße wurde in diesem Fall ein benzinbetriebener Ottomotor mit Katalysator gewählt.

TAB. 18: UMWELTVORTEILE VON LPG GEGENÜBER BENZIN

Substanz	Verringerung
Stickstoffoxide	80 %
Kohlenwasserstoffe	60 %
Kohlenmonoxid	80 %
Kohlendioxid	15 %
Schwefeldioxid, Partikel	100 %
Geräusche	50 %
Smog-Verursacher	80 %
Treibhausgase	20 %
Gerüche, Verdampfungen	100 %

Autogasmotoren arbeiten deutlich leiser als konventionelle Aggregate. Verantwortlich dafür ist eine weichere Kraftstoffverbrennung im Motor, die gegenüber Dieselfahrzeugen bis zu 50 % weniger Lärm verursacht.

Neben den Abgas- und Geräuschemissionen ist auch der direkte Einfluss der Kraftstoffe auf die Umwelt von Bedeutung. Benzin- und Dieseldämpfe können beispielsweise aus dem Tank entweichen, sobald der Verschluss geöffnet wird. Hinzu kommen die Dämpfe, die während der Betankung austreten, sowie verschüttete Anteile durch Überfüllung oder Überschäumen während des Betankungsvorganges. Bei Flüssiggastankstellen ist demgegenüber eine gasdichte Verbindung vorhanden, so dass kein Gas entweichen kann. Die bei Benzin- und Diesel-Tankstellen notwendige Bodenversiegelung ist bei LPG-Tankstellen überflüssig. Für Flurförderzeuge gibt es außerdem so genannte *Wechselflaschen* (s. Abb. 28), die im Bedarfsfall im Ganzen ausgewechselt und zentral von Gasversorgungsunternehmen wieder aufgefüllt werden.

Selbst wenn Flüssiggas entweichen sollte, gibt es aus Umweltgesichtspunkten keine Bedenken, da LPG nicht wasserlöslich ist und somit das Grundwasser nicht gefährden kann. Nach der Verdampfung entweicht es stattdessen als Gas in die Umgebung.

Der TÜV Bayern-Sachsen hat alternative Kraftstoffe detailliert geprüft und miteinander verglichen. Im Endergebnis bescheinigen die Experten Autogas eine relativ gute Umweltbilanz. Vergleichbare Resultate erreichen lediglich Wasserstoff und Erdgas.

Im Zuge der ökologischen Steuerreform wurde festgelegt, dass gasbetriebene Fahrzeuge steuerlich gefördert werden. Bis zum Jahr 2018 ist ein ermäßigter Steuersatz für Autogas festgeschrieben.

4.4 Erdgas

Erdgas ist genau wie Mineralöl ein endlicher, fossiler Primärenergieträger, wobei er jedoch als nicht ganz so wertvoll angesehen wird, da die Energiedichte sehr viel niedriger ist. Die Vorteile von Gas gegenüber dem schwarzen Gold bestehen darin, dass die zeitliche Verfügbarkeit von Gas höher angesetzt wird und es bei der Verbrennung deutlich weniger Schadstoffe verursacht. Somit kann es als Übergangsprodukt fungieren für eine allmähliche im Fahrzeugsektor stattfindende Abkehr vom Mineralöl.

4.4.1 Eigenschaften

Erdgas besteht im Wesentlichen aus Methan (CH_4). Methan ist bei Umgebungsbedingungen gasförmig. Gespeichert wird es in der Regel unter Druck in Gasbehältern (CNG = Compressed Natural Gas). Zur Verflüssigung muss dieses Medium tiefgekühlt werden (−161 °C), so dass es dann zum Beispiel für den Transport über große Entfernungen als Flüssigkraftstoff mit einer vergleichsweise hohen Energiedichte bereitsteht (LNG = Liquefied Natural Gas).

Es gibt zwei Spezifikationen beim Erdgas: H-Gas ist ein Erdgas der Gruppe H (High caloric gas) mit einem Methananteil zwischen 87 und 99,1 Vol.-%. Es kommt vornehmlich aus Russland, Norwegen, den Niederlanden und Dänemark. L-Gas hingegen ist ein Erdgas der Gruppe L (Low caloric gas) mit einem Methananteil zwischen 79,8 und 87 Vol.-%. L-Gas hat damit einen um etwa 30 % niedrigeren Heizwert, wodurch die Reichweite von CNG-Fahrzeugen ebenfalls um 30 % geringer ausfällt.

TAB. 19: UMRECHNUNG DES ENERGIEINHALTS

	Benzin	Diesel
1 kg Erdgas (H-Gas)	1,5 l	1,33 l
1 kg Erdgas (L-Gas)	1,3 l	1,1 l

Die genaue Zusammensetzung von Erdgas für den Einsatz in Kraftfahrzeugen ist in der DIN 51624 geregelt.

ABB. 34: METHANMOLEKÜL

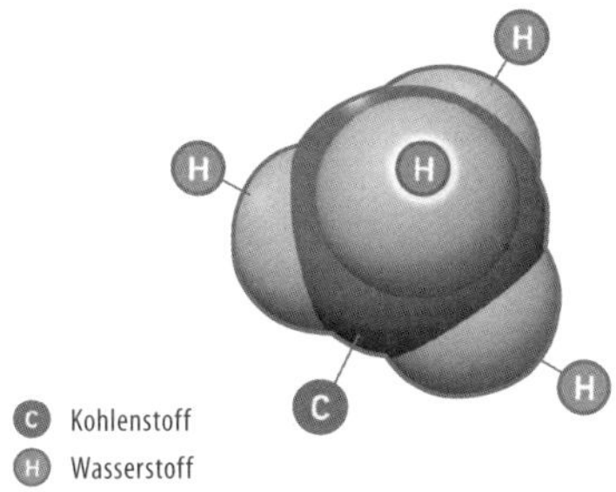

Quelle: Initiative Brennstoffzelle

4.4.2 Technik

Erdgas wird bereits seit langem in der Industrie sowie stationären Anwendungen eingesetzt und weist deutliche Umweltvorteile gegenüber Mineralöl auf. Insbesondere bei Blockheizkraftwerken werden seit mehreren Jahren vermehrt Motoren auf Erdgasbasis eingesetzt. Derartige Gasmotoren oder auch Gasturbinen treiben in der Regel einen Stromgenerator an, um auf diese Weise Elektrizität zu erzeugen und gleichzeitig die Abwärme des Motors (Kühlwasser und Abgase) zur Bereitstellung von thermischer Energie zu nutzen. Der elektrische Wirkungsgrad dieser Aggregate liegt bei 30 bis 40 %. Der Gesamtwirkungsgrad inklusive der thermischen Energieauskopplung erreicht bis zu 90 %. Das Leistungsspektrum ist fast unbegrenzt. Es reicht von einigen Kilowatt bis zu mehreren Megawatt. Viele dieser großen Generatoren werden beispielsweise als Notstromaggregate eingesetzt, um die Stromversorgung von Kliniken, Flughäfen oder Rechenzentren bei einem Netzausfall übernehmen zu können.

Im Kfz-Bereich wird Erdgas noch nicht so lange als alternativer Kraftstoff eingesetzt. In Deutschland begann die Entwicklung erst Mitte der 1990er Jahre, in Italien Mitte des letzten Jahrhunderts. Erdgasfahrzeuge, die international als NGV (Natural Gas Vehicle) bezeichnet werden, zeichnen sich gegenüber den Benzin- und Dieselvarianten durch deutlich geringere Kraftstoffkosten und reduzierten Schadstoffausstoß aus. Zudem verfügt Erdgas als Treibstoff über einen ermäßigten Mineralölsteuersatz und unterliegt nicht der jährlichen Ökosteuererhöhung. Die Regierung hat die Steuerermäßigung für Erdgasfahrzeuge bis zum Jahre 2018 festgeschrieben.

Auf bundesdeutschen Straßen rollen mittlerweile (Anfang 2010) rund 70.000 Erdgasfahrzeuge sowie 1.500 Busse und 7.000 Lastkraftwagen mit Erdgasantrieb.

Der weltweite Bestand beläuft sich auf weit über eine Millionen Kraftfahrzeuge, wovon allein 500.000 in Argentinien und 450.000 in Italien unterwegs sind.

Durch Fördervorhaben wird versucht, die Verbreitung dieser Technik zu unterstützen. Die Berliner Initiative TUT (Tausend Umwelt-Taxis für Berlin) brachte mit einer deutschlandweiten Gemeinschaftsaktion zahlreiche Erdgasfahrzeuge (1.000 Taxen und 100 Fahrschulautos) auf die Straße und initiierte gleichzeitig den Bau neuer Tankstellen. Zudem spendieren verschiedene regionale Gasversorgungsunternehmen Tankgutscheine, wenn Autos umgerüstet werden.

Dennoch herrscht deutschlandweit immer noch eine gewisse Zurückhaltung, einen Benzin schluckenden Privatwagen für den Erdgasbetrieb tauglich zu machen. Viele Fahrzeughalter scheuen diesen Schritt, unter anderem weil dadurch teilweise das Ladevolumen reduziert wird. Außerdem beträgt die Reichweite häufig „nur" 250 Kilometer. Allerdings wird mitunter vergessen, dass zusätzlich noch der gesamte Benzintank für die Weiterfahrt zur Verfügung steht.

Einen Grund, weswegen insbesondere Nutzfahrzeughersteller Interesse an der CNG-Variante finden, liegt in den wachsenden Anforderungen an die Reinheit der Abgase. Die neueren schärferen Schadstoffgrenzwerte können mit Dieselmotoren künftig nur durch aufwendige und vergleichsweise teure Abgasnachbehandlungsmaßnahmen zur Verringerung der Partikel- und Stickoxidemissionen eingehalten werden. Die Euro-5-Norm trat im Jahr 2008 in Kraft. Die meisten CNG-Fahrzeuge halten mindestens Euro 4 ein, teilweise auch die noch strengere EEV-Norm.

Ein großer Vorteil von Gasmotoren gegenüber Motoren mit Flüssigkraftstoffen ist die gleichmäßige Gemischverteilung bei der Kraftstoffaufbereitung. Da der Kraftstoff bereits gasförmig vorliegt, vermischt er sich sehr gut mit der angesaugten Luft. Das homogene Gemisch bewirkt eine gleichmäßige Verbrennung, so dass weniger Verbrennungsrückstände entstehen, dadurch weniger Ablagerungen im Brennraum auftreten und das Schmieröl nicht so stark belastet wird.

Ein weiterer Pluspunkt für Gas sind die reduzierten Geräuschemissionen. Da der Druckanstieg in der Brennkammer von Erdgasmotoren nicht so stark ist, laufen sie im Vergleich zu Benzinmotoren leiser. Daher werden Erdgasfahrzeuge unter anderem gerne bei der Stadtreinigung in dicht besiedelten Gebieten eingesetzt. Nachteilig waren noch vor einigen Jahren die Leistungseinbußen, die je

ABB. 35: GASFAHRZEUGE VERBRENNEN SAUBERER UND LEISER ALS BENZINER

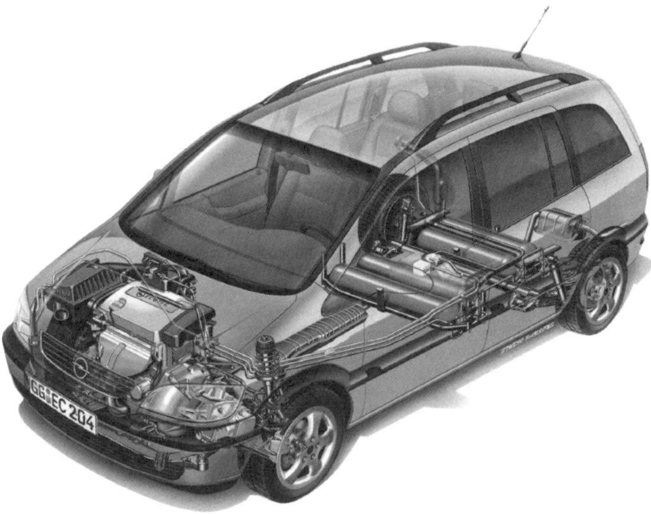

Quelle: Adam Opel AG

nach Modell bis zu 15 % betragen konnten. Moderne, serienmäßig mit CNG-Satz ausgerüstete Fahrzeuge sind jedoch mittlerweile im Leistungsverhalten mit konventionellen Benzinern vergleichbar.

Die Speichersysteme für Erdgasfahrzeuge weisen im Vergleich zu konventionellen flüssigen Kraftstoffen eine niedrigere Energiedichte auf. Damit trotzdem ausreichende Energiereserven mitgeführt werden können, sind hohe Drücke notwendig (200 bis 350 bar). Dementsprechend groß und schwer sind die Tanks. Werden die Behälter unter dem Fahrzeugboden montiert (unterflur), geht kein Ladevolumen verloren. Befindet sich der Drucktank allerdings im Kofferraum, müssen Zuladedefizite in Kauf genommen werden.

Die Reichweite pro Tankfüllung ist nicht ganz so groß wie bei konventionellen Fahrzeugen. Sie variiert je nach Fahrzeugtyp zwischen 180 und 450 Kilometern. Bei nachgerüsteten Modellen kann sie noch darunter liegen.

Im Pkw-Bereich passen in der Regel neun bis 25 kg Erdgas in einen Tank. Das entspricht bei der Verwendung von H-Gas etwa 14 bis 37 Litern Benzin oder auch zwölf bis 33 Litern Diesel. Bei L-Gas ist es etwas weniger.

Die Unterschiede von Erdgas gegenüber Benzin und Diesel:
+ reduzierte Treibstoffkosten
+ problemloser Einbau in Fahrzeuge mit Ottomotor
+ reduzierter Schadstoffausstoß
+ leiser Betrieb
+ umweltschonend
+ hohe Klopffestigkeit wegen sehr hoher Oktanzahl (ROZ: 120)
+ verlängerte Motorlebensdauer
+ hohe Reichweiten bei bivalentem Betrieb
+ problemloser Kraftstoffwechsel während der Fahrt
+ bis 2018 steuerbegünstigt
+ Möglichkeit auch Bioerdgas einzusetzen
– geringe Versorgungsdichte (ca. 900 Stationen)
– hohe Nachrüstkosten: 2.500 bis 4.000 Euro
– Platzeinbußen durch Tankeinbau
– unterschiedliche Tankstutzen im Ausland

4.4.3 Speicherung

Da Erdgas bei Umgebungstemperatur gasförmig vorliegt und erst bei sehr niedrigen Temperaturen flüssig wird, ist es nahe liegend, diesen Stoff gasförmig zu speichern. Gemäß den thermodynamischen Regeln lässt sich das Volumen von Gasen verringern, wenn der Druck erhöht wird. So wird bei der Komprimierung zwar das Volumen reduziert, aber das Gewicht der Gasflaschen steigt wegen der zunehmenden Kräfte stark an.

Als Tankform derartiger Druckbehälter kommen wegen der günstigen Lastverteilung hauptsächlich Zylinder oder Kugeln in Frage. Eine Kugel hat von allen geometrischen Formen die kleinste Oberfläche pro Volumeneinheit. Dies bedeutet, dass der mögliche Wärmeeintrag von außen am geringsten und außerdem die Last bestmöglich verteilt ist. Nachteilig bei Kugeltanks ist jedoch die

TAB. 20: GÄNGIGE FLASCHENGRÖSSEN

Inhalt [l]	10	20	40	50
Fülldruck [bar]	150/200/300	200/300	150	200/300
Prüfdruck [bar]	225/300/450	300/450	225	300/450
Gasinhalt bei 15 °C, 1 bar [m^3]	0,5/2/3	4/6	6	10/15
Außendurchmesser [mm]	145/140/140	204	204	229
Länge [mm]	840/820/840	840/835	1615	1515/1535
Gewicht [kg]	22/12/18	36,5/40	73	65/77

Quelle: Messer Group

aufwendige Herstellung. Außerdem ist die freie Oberfläche der Flüssigkeit im Inneren bei teilweise leerem Kugeltank größer als bei einem Zylinder, weswegen in Fahrzeugen längliche Formen bevorzugt werden. Sicherheitstechnisch bestehen zwischen Kugeln oder Zylindern jedoch keine großen Unterschiede.

Behälter für Erdgas und gasförmigen Wasserstoff werden mit einem deutlich höheren Druck befüllt als zum Beispiel die im vorherigen Kapitel erwähnten Flüssiggastanks, die Sicherheitsbedingungen sind jedoch ähnlich. Gespeichert werden diese Gase bei mobilen Anwendungen in der Regel bei Drücken zwischen 200 und 350 bar. Speicherdrücke von bis 700 bar sind derzeit in Entwicklung. Das Problem bei diesem hohen Druckniveau ist jedoch, dass rund 15 % des Energieinhaltes des Gases in die Komprimierung investiert werden muss.

Handelsübliche Stahlflaschen sind mit einem Volumen von zwei bis 50 Litern bei einem Druck von 100 bis 300 bar erhältlich. Der Prüfdruck beträgt in der Regel das 1,5-fache des Fülldruckes, der Berstdruck das 3-fache, was die bei einem Unfall oder bei Hitze auftretenden Belastungen weit übersteigt. Derartige Behälter bestehen meist aus Chrom-Molybdän-Stahl und bringen daher ein hohes Leergewicht auf die Waage. Der gespeicherte, gasförmige Kraftstoff wiegt im Vergleich dazu nur relativ wenig.

Aufgrund der Gewichtsvorteile wurde das Gasflaschenangebot speziell im mobilen Bereich in den letzten Jahren durch Composite-Tanks ergänzt. Diese

ABB. 36: GASTANKSTELLE VORAUS

sind leichter, aber auch teurer. Sie verfügen im Inneren über einen so genannten Liner. Das ist ein Innenbehälter aus Aluminium, Stahl oder Kunststoff, der für die Dichtigkeit verantwortlich ist. Dieser ist von einem Netz aus beispielsweise Kohlenstofffasern, das für die notwendige Festigkeit sorgt, umgeben.

4.4.4 Betankung

Für den Bau einer Erdgastankstelle sind wegen des hohen Druckniveaus relativ hohe Investitionskosten notwendig. Dies ist auch mit ein Grund für die immer noch mangelhafte Infrastruktur in Deutschland. 2010 gab es bundesweit 870 Stationen, die Erdgas anboten.

Aufgrund des erhofften Anstiegs der Zulassungszahlen von gasbetriebenen Kraftfahrzeugen hat das Bundesverkehrsministerium ein internationales Verkehrszeichen für Erdgas- sowie für Flüssiggastankstellen in Deutschland freigegeben. Das Verkehrsschild mit dem Gastankstellensymbol, einer Zapfsäule mit einem blauen Schatten und der internationalen Kraftstoffbezeichnung CNG (bzw. LPG), ist in den Katalog der Verkehrszeichen (VzKat) mit der Nummer 365-54 (bzw. 365-53) aufgenommen worden. Das Zeichen wird verbindlich als Hinweis auf Erdgastankstellen (bzw. Flüssiggastankstellen) an Autobahnraststätten und mittlerweile auch im Stadtbereich eingesetzt.

4.4.5 Umrüstung

Bei Umrüstungen von Benzinautos auf Erdgas ist es empfehlenswert, diese Umbaumaßnahmen lediglich von autorisierten Fachbetrieben vornehmen zu lassen, da sich diese dann auch um die korrekte Eintragung im Fahrzeugschein kümmern. Bei Neuwagen können etwaige Gewährleistungen von Automobilherstellern durch derartige Eingriffe allerdings verloren gehen.

Eine nachträgliche Umrüstung bringt Investitionskosten von 2.500 bis 4.000 Euro mit sich. Diese zusätzlichen Kosten amortisieren sich je nach Nutzungsintensität nach zwei bis drei Jahren (bei etwa 30.000 km jährlicher Fahrleistung), da die Kraftstoffkosten im Vergleich zu Benzin sehr viel niedriger ausfallen.

$$\frac{\textit{Investition für Umbau bzw. Anschaffungsaufpreis} \times 100}{(\textit{Liter Benzin}/100\,\textit{km} \times \textit{Benzinpreis}) - (\textit{Kilogramm Erdgas}/100\,\textit{km} \times \textit{CNG-Preis})}$$

Zum Thema Sicherheit titelte der TÜV Bayern Sachsen bereits im Jahr 1995 in einer Informationsbroschüre: „Sicher wie ein Benziner oder Diesel." Weiter heißt es in dem Büchlein, selbst bei Feuer bestehe keine Gefahr. Und der TÜV Süddeutschland sagt: „Fahren mit Erdgas ist genauso sicher wie mit Benzin und Diesel, die Brand- oder Explosionsgefahr ist sogar geringer." Auch die Euro NCAP-Crashtests des ADAC belegen, dass die Sicherheit von Erdgasfahrzeugen in Deutschland auf höchstem Niveau ist.

4.4.6 Fahrzeuge

Die Geschichte der CNG-Fahrzeuge ist noch gar nicht so alt. Im Jahr 1995 bot zunächst BMW Erdgasautos ab Werk an. Ein Jahr später folgte Volvo. Fiat brachte im Jahr 2000 den Multipla auf den Markt – bivalent und auch monovalent. Zur Jahrtausendwende rechneten viele Experten mit dem baldigen Marktdurchbruch, nicht zuletzt, weil viele Erdgasversorger potentielle Autokunden mit reizvollen Sonderangeboten lockten. Aber der Boom blieb aus. Auch heute ist das Interesse eher verhalten, obwohl die Auswahl an Fahrzeugen mittlerweile recht groß ist.

In Deutschland bieten inzwischen mehrere verschiedene Automobilhersteller serienmäßig Erdgasfahrzeuge an. Dabei greifen die Anbieter vornehmlich auf Ottomotoren zurück. Zum Teil dienen zwar Dieselmotoren als Basisaggregate, diese werden jedoch zumeist so modifiziert, dass die Gemischaufbereitung nach dem Ottoprinzip arbeitet. Die Anschaffungskosten für derart umgebaute Modelle liegen je nach Fabrikat in etwa ähnlich hoch wie bei vergleichbaren Dieselfahrzeugen, mit dem Unterschied, dass sie sowohl mit Erdgas als auch mit Benzin gefahren werden können (bivalenter Betrieb).

Ab Werk gibt es auch für Erdgas optimierte Fahrzeuge (monovalenter Betrieb). Diese fahren ausschließlich mit Erdgas und verfügen über keinen – oder wenn, dann nur über einen kleinen – zusätzlichen Benzintank. Der Motor ist dann für Erdgas optimiert, wodurch ein höherer Wirkungsgrad erreicht wird und keinerlei Leistungseinbußen mehr zu verzeichnen sind. Die Hersteller sprechen in diesem Fall sogar von bis zu 15 % Leistungssteigerung.

Hier nun einige Beispiele vom Hersteller angebotener CNG-Fahrzeuge in alphabetischer Reihenfolge der Hersteller (ohne Anspruch auf Vollständigkeit):

Citroen bietet den C3 Style bivalent als Erdgasfahrzeug an.

Fiat bietet mit fünf CNG-Typen eine relativ große Auswahl an. Der Multipla, der als erster herauskam, ist gleich zweifach erhältlich: sowohl monovalent (Bluepower) als auch bivalent. Die Reichweite mit dem monovalenten Fahrzeug liegt bei etwa 450 Kilometern. Ende 2003 erweiterte Fiat das CNG-Angebot mit einem bivalenten Punto Natural Power (Stadtauto), der über zwei Gasflaschen im Kofferraum verfügt und im Gasbetrieb mit seinem 1,2-l-Triebwerk 38 Kilowatt leistet (Spitzengeschwindigkeit 145 km/h). Der Preis liegt bei 13.450 Euro.

Der Panda Panda ist das erste Erdgasfahrzeug in der Kleinwagenklasse, bei dem die 13 kg fassenden Gasflaschen unterflur angebracht sind, so dass sie den Nutzraum nicht einschränken (Reichweite: ca. 270 km). Diese Lösung hat allerdings seinen Preis: 4.150 Euro zusätzlich gegenüber dem Panda 1.1 mit gleicher Leistung. Darüber hinaus ist noch der Doblò Natural Power erdgastauglich.

Bei **Ford** gibt es einen Ford Transit mit zwei 80-l-Gasflaschen sowie einem 80-l-Benzintank zu kaufen. Die Reichweite im Gasbetrieb beträgt rund 300 km. Das entspricht einem Durchschnittsverbrauch von 8,9 kg Erdgas auf 100 km. Als weitere Modelle hat Ford den Focus CNG und den C-Max CNG mit ins Programm aufgenommen.

Mercedes brachte im Frühjahr 2004 eine Limousine mit Erdgasantrieb heraus. Der Mercedes E 200 NGT erzielt mit Benzin (65-l-Tank) und Erdgas (18-kg-Be-

ABB. 37: ERDGASBETRIEBENER OPEL ZAPHIRA

hälter) eine Gesamtreichweite von 1.000 km, davon 300 mit Erdgas. Er verfügt über 120 kW und schafft 225 Stundenkilometer. Als zweites Modell ist der B 170 NGT im Angebot.

Opel präsentierte im Juli 2001 den Zaphira 1,6 CNG der 1. Generation, der auf die Methannutzung abgestimmt war und bis Ende 2005 rund 20.000-mal gebaut wurde. Der Compact Van verfügte über einen 16 V ECOTEC-Ottomotor mit 71 kW. Obwohl das Auto von Opel als monovalentes Fahrzeug deklariert wird, verfügt dieses Modell zusätzlich zu den vier Unterflurgastanks über einen 14 l fassenden Reservetank für Benzin. Eine Umschaltung bei Gasmangel ist damit im Notfall möglich. Die Gesamtreichweite erhöht sich damit von rund 350 km im reinen Gasbetrieb auf durchschnittlich 500 km. Die Platz sparende Unterflurbauweise der Tankanlage sorgt dafür, dass das variable Sitzsystem uneingeschränkt weiterhin genutzt werden kann. Die Serienproduktion findet in Rüsselsheim bei der Opel-Tochtergesellschaft OSV (Opel Special Vehicles) statt. Die Mehrkosten im Vergleich zum Standardmodell belaufen sich auf etwa 2.500 Euro. Die zweite Generation dieses Modells folgte Anfang 2006.

Ergänzend bietet Opel auch den Combo 1.6 CNG sowie den Astra Caravan mit Erdgasantrieb an, der ebenfalls über das so genannte Monovalentplus-

Konzept verfügt. Und auch ein Opel Corsa ist seit März 2007 im Angebot, außerdem seit 2009 ist auch ein 1,6-l-CNG-Turbomotor mit 69 kW.

Peugeot hat mit einem bivalenten Kastenwagen für den Lieferverkehr nachgezogen, der über einen 80 l fassenden Gasbehälter verfügt und für einen Einstiegspreis von 16.800 Euro zu erstehen ist.

Volkswagen bietet seit der zweiten Jahreshälfte 2001 den Golf Variant BI Fuel mit Gasantrieb ab Werk an. Bei dem Motor handelt es sich um ein 85 kW starkes 2-l-Aggregat. Der Tank aus speziellem Composite-Material fasst 90 l Erdgas und ist Platz sparend unter der Ladefläche angebracht, so dass das Ladevolumen nicht reduziert wird. Das Gas reicht für etwa 260 km und ist zusätzlich zum Benzintank eingebaut. Als Aufpreis werden etwa 3.500 Euro angesetzt.

ABB. 38: VW CADDY ECOFUEL MIT UNTERFLURGASBEHÄLTERN

Quelle: VW

Außerdem bieten die Wolfsburger den VW Touran sowie den Caddy (s. Abb. 38) in der erdgasbetriebenen EcoFuel-Variante an. Der 2,0-l-Motor des Caddys ist für den CNG-Betrieb optimiert und leistet 80 kW. Der Unterflurtank fasst 26 kg Gas und ermöglicht eine Reichweite von 430 km. Der Touran ist als monovalente Ausführung erhältlich, verfügt dann aber trotzdem über einen 13 l fassenden Benzinreservetank, der für den Startvorgang benötigt wird. Die vier CNG-Behälter (Inhalt: insg. 18 kg) sind unterflur installiert und reichen für 310 km. Dies entspricht einem Verbrauch von 5,8 kg Erdgas auf 100 km. Die Kosten für dieses 80-kW-Modell belaufen sich auf rund 24.000 Euro. Der Caddy ist demgegenüber schon für knapp unter 20.000 erhältlich, 2.900 mehr als für den reinen Benziner.

Volvo bietet den V70 sowie den S80 für 2.450 Euro Aufpreis als Bi-Fuel-Variante mit 90 kW an (Spitzengeschwindigkeit: 205 km/h).

Noch etwas mehr Schub soll mit der Einführung der Erdgas-Turbomotoren kommen, die Opel und Fiat anbieten wollen.

Dies ist nur eine äußerst grobe Auflistung der auf dem Markt vorhandenen serienmäßigen Gasfahrzeuge. Darüber hinaus gibt es zahlreiche Umrüstunternehmen, die individuelle Umbauten von Gebraucht- und Neuwagen vornehmen.

4.4.7 Kosten

Die Gaspreise in Deutschland sind vom Jahr 2005 bis März 2008 um 37,5 % gestiegen. Der Preis für den Autokraftstoff Erdgas (H-Gas) lag an bundesdeutschen Tankstellen Anfang 2009 bei fast 1,00 Euro pro Kilogramm, bei L-Gas um rund 10 Cent darunter. Dieser Preis ist vergleichbar mit einem Benzinpreis von rund 0,65 Euro pro Liter Benzin (Normalpreis: 1,40 Euro) beziehungsweise einem Dieselpreis von 0,70 Euro pro Liter Diesel (Normalpreis: 1,25 Euro). Die Kraftstoffkosten liegen damit um über 50 % niedriger als beim Benziner beziehungsweise um mehr als 30 % niedriger als beim Dieselmodell. Bei einem Durchschnittsverbrauch von sieben Litern Super-Benzin und einer Fahrleistung von 20.000 Kilometern im Jahr spart ein Autofahrer mit einem Mittelklassewagen im Erdgasbetrieb fast 1.000 Euro jährlich.

Bei der Umrechnung muss berücksichtigt werden, dass der eine Kraftstoff (Erdgas) gasförmig und der andere (Benzin) flüssig vorliegt. Deswegen müssen die Energieinhalte der beiden Kraftstoffe in Relation gesetzt werden: Der Brennwert von einem Kilogramm Erdgas entspricht etwa dem von 1,5 Litern Benzin.

Da für Erdgas als Fahrzeugkraftstoff eine verringerte Mineralölsteuer im Zuge der ökologischen Steuerreform bis Ende 2018 festgeschrieben ist, werden die Preise auch langfristig relativ niedrig bleiben.

Zu berücksichtigen ist zudem, dass bei der Anschaffung eines Erdgasfahrzeuges, das die D4-Norm erfüllt, die Kraftfahrzeugsteuer in den ersten Jahren entfällt. In vielen Bundesländern gibt es zusätzlich regionale Förderprogramme. Brandenburg fördert beispielsweise eine Umrüstung mit einem Höchstsatz von 1.280 Euro pro Fahrzeug. Hinzu können noch etwaige Tankgutscheine von lokalen Gasversorgern kommen. Darüber hinaus gibt es Kraftfahrzeugversicherungen mit speziellen Öko-Tarifen mit bis zu 15 % niedrigeren Versicherungsprämien.

Diese Sondervergünstigungen sollen den Wechsel für die Autofahrer so einfach wie möglich gestalten und etwaige Hemmungen nehmen, da die Umrüstkosten beziehungsweise höhere Kaufpreise im Vergleich zu Benzin- oder Dieselfahrzeugen abschreckend wirken.

ABB. 39: TANKSTELLENPREISE IM VERGLEICH

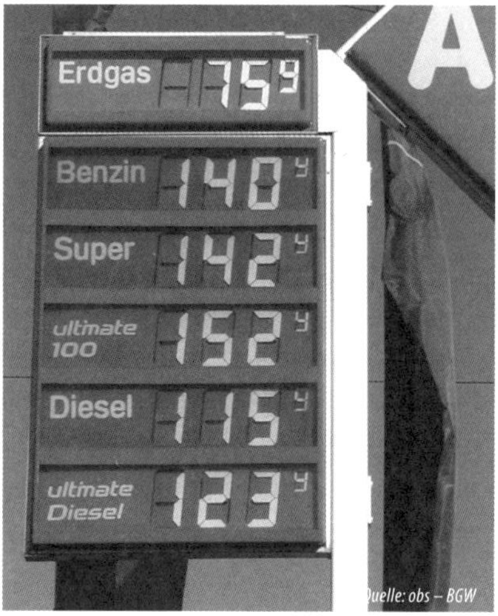

Es muss aber auch erwähnt werden, dass zusätzlich zu den normalen zweijährigen Abgasuntersuchungen (AU) und Hauptuntersuchungen (HU), zu denen das Fahrzeug ohnehin muss, bei CNG- und auch LPG-Fahrzeugen noch eine Gasanlagenprüfung (GAP) hinzukommt. Diese Überprüfung der Gasanlage wird in der Regel zusammen mit der HU durchgeführt und kostet zwischen 20 und 100 Euro.

4.4.8 Umwelt

Bei einem Vergleich der Umweltbilanzen unterschiedlicher Kraftstoffe schneidet Erdgas deutlich besser ab als die konventionellen Kraftstoffe Benzin und Dieselöl. Das liegt an einem verminderten Schadstoffausstoß von fahrzeugspezifischen Emissionen wie zum Beispiel Stickoxid, Kohlenmonoxid und Kohlenwasserstoffen. Im Vergleich zu Dieselfahrzeugen können die Rußpartikelemissionen fast vollständig eliminiert werden.

Darüber hinaus verfügen die Reaktionsprodukte von Methan über ein deutlich geringeres Wirkpotential bezüglich des Treibhauseffektes als die von konventionellem Mineralöl. Die emittierte CO_2-Menge ist bei Erdgasfahrzeugen um bis zu 25 % geringer als bei normalem Benzin. Außerdem ist der Ausstoß von Smog verursachenden Schadstoffen im Vergleich zum Benzin- und Dieselmotor um 80 % niedriger.

Ein weiterer positiver Aspekt sind die geringeren Verdampfungsemissionen. Benzin ist leicht flüchtig und wird meistens in offenen Tanksystemen gespeichert. Bei jedem Betankungsvorgang entweichen daher Dämpfe und gelangen

TAB. 21: SCHADSTOFFREDUZIERUNG BEIM EINSATZ VON CNG-FAHRZEUGEN

Vergleich zum Diesel-Pkw	Vergleich zum Benzin-Pkw
80 % weniger reaktive Kohlenwasserstoffe und Stickoxide	80 % weniger reaktive Kohlenwasserstoffe
80 % weniger Stickoxid	20 % weniger Stickoxid
50 % weniger Kohlenmonoxid	75 % weniger Kohlenmonoxid
bis zu 13 % weniger Kohlendioxid	bis zu 25 % weniger Kohlendioxid
bis zu 99 % weniger Schwefeldioxid, Ruß und Partikelemissionen	
viel weniger giftige Bestandteile wie Aldehyde	viel weniger giftige Bestandteile wie Aldehyde und BTX-Aromate
keine Verdampfungsverluste und Geruchsbelästigung beim Betankungsvorgang	

Quellen: TUT, gibgas

in die Umgebung. Es gibt zwar mittlerweile an den meisten Zapfpistolen Gasrückführungssysteme, die diese Dämpfe ansaugen und in den stationären Tankstellenspeicher zurückführen sollen. Die Rückführungsquote ist allerdings nicht besonders hoch.

Hinzu kommt der aus Unachtsamkeit verschüttete Kraftstoff, der aus dem übervollen Fahrzeugtank herausläuft oder in Form von Tropfmengen verloren geht. Werden diese zunächst als äußerst gering erscheinenden Kraftstoffmengen an allen bundesdeutschen Tankstellen aufsummiert, kommen mehrere Tausend Liter Kraftstoff pro Monat zusammen, die achtlos in die Umwelt entlassen werden. Darüber hinaus ist erheblicher konstruktiver Aufwand mit den fossilen, flüssigen Kraftstoffen verbunden. Damit die Tropfmengen nicht in das Grundwasser gelangen können, verfügt jede konventionelle Tankstelle über eine unterirdische Auffangwanne.

Erdgas kommt ausschließlich in geschlossenen Drucksystemen zum Einsatz, aus denen kaum Gas entweicht und somit weder in die Umgebungsluft noch ins Grundwasser gelangen kann. Auch während des Befüllvorganges kann in der Regel kein Kraftstoff ungehindert freigesetzt werden, weil vor jedem Betankungsvorgang die Dichtigkeit des Systems überprüft wird.

Zu den Emissionen zählen aber nicht nur Schadstoffe, sondern auch Lärm, der die Umwelt maßgeblich beeinflusst. Diese Geräuschemissionen sind bei NGV um bis zu 50 % niedriger als bei konventionellen Fahrzeugen. (Eine Reduzierung des Schalldrucks um drei Dezibel wird subjektiv als Halbierung des Geräuschpegels empfunden.)

Noch etwas „grüner“ könnte CNG werden, wenn vermehrt Biogas (Biomethan) dem Erdgas beigemischt wird. Bioerdgas ist Biomethan, das aus organischen Lebensmittelrest- und Abfallstoffen sowie aus nachwachsenden Energiepflanzen gewonnen wird. Es ist bereits heute uneingeschränkt als Kraftstoff für Erdgasfahrzeuge geeignet und kann in Reinform oder beigemischt genutzt werden. Das Gas wird speziell gereinigt und verfügt dann über einen 96%igen Methangehalt.

4.5 Wasserstoff – Ottomotor

Wasserstoff gilt als der Kraftstoff, der zukünftig vornehmlich in Brennstoffzellenfahrzeugen zum Einsatz kommen soll (s. Kap. 6.2). Von einigen Automobilkonzernen wird Wasserstoff jedoch auch als Option für Verbrennungsmotoren herangezogen.

4.5.1 Eigenschaften

Die Bezeichnung *Wasserstoff* existiert bereits seit dem Jahr 1787. In diesem Jahr „taufte" der Franzose Lavoisier den Wasserstoff als *hydrogène* (hydor = Wasser, griechisch; genes = erzeugend). Das Wort bedeutet demnach *Wasserbildner.*

Wasserstoff (H) tritt hauptsächlich als Molekül auf, da sich meist zwei positiv geladene Wasserstoffatome mit zwei negativ geladenen Elektronen zu H_2 zusammentun. In der Natur kommt das H_2-Molekül allerdings nur selten allein vor, weil es sich meist ein Sauerstoffatom (O) sucht und damit zu Wasser (H_2O) reagiert.

Unter Umgebungsbedingungen ist Wasserstoff gasförmig (GH_2: engl. Gaseous Hydrogen) und wird unter Umgebungsdruck erst bei sehr niedrigen Temperaturen flüssig (–253 °C; LH_2: engl. Liquid Hydrogen).

Wasserstoff ist mit etwa 55 Gewichtsprozenten das häufigste Element im Weltall. Neben dem „normalen Wasserstoff" bestehend aus einem Proton und einem Elektron gibt es darüber hinaus noch den so genannten „schweren Wasserstoff" (Deuterium = D) mit einem zusätzlichen Neutron im Atomkern. Allerdings ist nur jedes 6.000ste Wasserstoffatom derart aufgebaut. Als dritte Variante gibt es noch den „überschweren Wasserstoff" (Tritium = T) mit 2 Neutronen im Kern. Tritium zerfällt nach zwölf Jahren in das Helium-Isotop (${}^{3}_{2}He$), so dass auf der Erde nur eines von 1 Billiarde Wasserstoffatomen in dieser Form vorliegt.

Wasserstoff ist

· ungiftig und nicht reizend

· umweltneutral, nicht wassergefährdend

· geruchlos

· geschmacksneutral

· unsichtbar

· leicht flüchtig
· im Freien nicht explosiv
· nicht radioaktiv
· nicht Krebs erzeugend

Wasserstoff verfügt über einige ganz spezifische Merkmale:

a) Die Wasserstoffflamme brennt im ultravioletten Bereich (310 ŋm; leicht bläulich leuchtend) und ist daher für das menschliche Auge tagsüber so gut wie nicht sichtbar, sie kann aber trotzdem Sonnenbrand verursachen. Die Wärmeabstrahlung ist allerdings im Vergleich zu anderen Brenngasen wegen des Mangels an Kohlenstoff 10-mal geringer, so dass man die Flamme kaum spürt, wenn man sich ihr nähert.

b) Wasserstoff (H_2) ist von sich aus bestrebt, zusammen mit Sauerstoff (O_2) zu Wasser (H_2O) zu reagieren. Bei diesem Vorgang wird Energie abgegeben (exotherme Reaktion). Ein Gasgemisch aus Wasserstoff und Sauerstoff wird als *Knallgas* bezeichnet, da es bei einer Entzündung mit einem Knall reagiert. Diese Reaktion wird daher in Laboratorien zum Nachweis von Wasserstoff verwendet (Knallgasprobe).

c) Damit es zu einer Entzündung eines Wasserstoff/Luft-Gemisches kommen kann, müssen drei Bedingungen erfüllt sein:
   · Es muss Sauerstoff vorhanden sein.
   · Das Mischungsverhältnis muss innerhalb der Zündgrenzen liegen.
   · Es muss eine ausreichende Menge Zündenergie zugeführt werden.

d) Die für eine Entzündung benötigte minimale Energiemenge liegt bei Wasserstoff im Vergleich zu anderen Kraftstoffen zehnmal niedriger (0,017 mJ). Absolut gesehen liegt diese Grenze jedoch bei allen Kraftstoffen sehr niedrig. Der Funken, der entsteht, wenn jemand über einen Teppich geht und einen geerdeten Gegenstand berührt, beinhaltet bereits eine ausreichende Energiemenge zur Entzündung jeglicher Kraftstoffgemische.

TAB. 22: EIGENSCHAFTEN VON WASSERSTOFF

Schmelzpunkt, T_{Sch}	−259,15 °C = 13,9 K
Siedepunkt, T_S	−252,76 °C = 20,39 K
Dichte ρ_{LH2} bei 20,3 K und 1.013 mbar	70,79 g/l
Dichte ρ_{GH2} bei 20,3 K und 1.013 mbar	1,34 g/l
Verdampfungswärme bei T_S	445,4 J/g = 31,5 kJ/l
Heizwert, $H_{U, LH2}$, 119,97 MJ/kg	33,33 kWh/kg = 8,495 MJ/l = 2,359 kWh/l
Dichte bei T_N	0,090 g/l
Dichte ρ_{GH2} bei 293 K und 1.013 mbar	0,084 g/l
Dichteverhältnis Gas zu Luft (= 1)	0,0695
Heizwert $H_{U, GH2}$, bei T_N	10,8 MJ/m³ = 3,0 kWh/m³
Zündbereich in Luft	4,0 bis 79,0 Vol.-%
Verbrennungstemperatur in Luft, T_V	2.045 °C

e) Bei einer Verbrennung von Wasserstoff (Oxidation mit dem Sauerstoff der Luft) entsteht Wasser in Form von Wasserdampf. Durch die Reaktion mit dem Stickstoff der Luft entsteht zudem Stickoxid. Im Gegensatz zu fossilen Brennstoffen entstehen keine Schwefeloxide, keine Kohlenwasserstoffe, kein Kohlenmonoxid und kein Kohlendioxid (CO_2), da weder Schwefel noch Kohlenstoff im Wasserstoff enthalten sind.

Generell kann Wasserstoff durchaus sicher gehandhabt werden, solange seine speziellen Eigenschaften - manchmal besser, manchmal schlechter und manchmal nur anders im Vergleich zu anderen Kraftstoffen - berücksichtigt werden.

4.5.2 Herstellung

Insgesamt werden jährlich in Deutschland ungefähr 20 Milliarden Kubikmeter Wasserstoff erzeugt. Weltweit sind es etwa 500 Mrd. Kubikmeter. Dies entspricht - sowohl bundesweit als auch weltweit - einem Anteil von jeweils 1,5 % des jeweiligen Energiebedarfs.

TAB. 23: HERSTELLUNGSMENGE VON WASSERSTOFF IN MILLIARDEN Nm^3

	Deutschland	Welt
Dampfreformierung von Erdgas od. Naphta	6	190
Partielle Oxidation von Schweröl	3	120
Petrochemie: Benzinreformierung	2,5	90
Petrochemie: Ethylenproduktion	3,6	33
Sonstige chemische Industrie	0,9	7
Chlor-Alkali-Elektrolyse	0,9	10
Kohlevergasung (Koksgas)	2,1	50
Gesamt	19	500

Quelle: DWV

Bisher wird Wasserstoff vornehmlich bei industriellen Prozessen in Raffinerien oder bei der Herstellung von Stickstoffdünger (Ammoniak-Synthese), Kunststoffen, Kunstharzen sowie Lösungsmitteln oder der Hydrierung von Speiseölen aus Sojabohnen, Fisch, Erdnüssen oder Mais genutzt.

Zur Wasserstoffherstellung sind viele unterschiedliche Methoden möglich (s. Tab. 23). Diese umfassen sowohl die Verwendung von fossilen Rohstoffen als Ausgangsprodukt als auch die Elektrolyse, die lediglich Wasser und Strom benötigt.

An die Reinheit von Wasserstoff werden zum Teil höchste Anforderungen gestellt, denn geringe Spuren von Kohlenmonoxid können die Katalysatoren einiger Brennstoffzellen beschädigen. Bei Polymer-Elektrolyt-Membran-Brennstoffzellen (Niedertemperatur-PEM) wird beispielsweise ein CO-Volumenanteil von 10 ppm (parts per million) als obere Grenze angesehen. Derartig niedrige Konzentrationen können jedoch nur mit Hilfe einer Reinigungseinheit erreicht werden, die dem Herstellungsprozess nachgeschaltet wird.

Das zurzeit am weitesten verbreitete Nachreinigungsverfahren ist das so genannte PSA-Verfahren (Pressure Swing Adsorption = Druckwechsel-Adsorption). In PSA-Anlagen können bis zu 100.000 Kubikmeter pro Stunde gereinigt werden.

Überblick über verschiedene Reinigungsverfahren:

- Entschwefelung
- Druckwechsel-Adsorption (PSA)
- Hochtemperatur-Diffusion durch Metallmembranen
- Verflüssigung
- Niedertemperatur-Diffusion durch Polymermembranen
- Kohlendioxid-Wäsche mit nachfolgender Methanisierung
- selektive, katalytische Oxidation von Kohlenmonoxid an Platin- oder Rutheniumkatalysatoren

In der Regel wird eine Kombination einiger dieser Reinigungsprozesse in Abhängigkeit vom Ausgangsprodukt und vom benötigten Reinheitsgrad angewandt.

Nach der Herstellung und der Nachreinigung von Wasserstoff ist mitunter die Verflüssigung des Gases erwünscht. Dies ist dann sinnvoll, wenn Wasserstoff über weite Entfernungen transportiert werden soll. Die Energiedichte von flüssigem Wasserstoff (ρ_f = 70,8 g/l) ist deutlich höher als von gasförmigem (ρ_g = 1,34 g/l), selbst wenn dieser komprimiert vorliegen sollte.

Für die Verflüssigung von Wasserstoff wird in der Regel rund ein Drittel der Energie benötigt, die in Wasserstoff gespeichert werden kann. Im Mai 2002 ist erstmals an der TU Dresden ein Verfahren mit Hilfe eines Helium-Neon-Gemisches als Kältemittel entwickelt worden, bei dem nur etwa ein Fünftel des ursprünglichen Energieinhaltes verloren geht. Eine großtechnische Nutzung dieser Technik ist aber derzeit noch nicht möglich.

Heutige Verflüssigungssysteme erreichen eine Kapazität von ungefähr 50 bis 60 t Wasserstoff pro Tag. In West-Europa gibt es derzeit großtechnische Verflüssigungsanlagen in Ingolstadt/Deutschland (Linde), Rozenburg bei Rotterdam/Niederlande (Air Products) und Waziers bei Lille/Frankreich (Air Liquide).

Für die Belieferung von Wasserstofftankstellen eignet sich gasförmiger Wasserstoff wegen der geringen Dichte nicht so gut. Ein Vergleich mit Benzin verdeutlicht den Unterschied:

Ein Tanklastzug, der 36.000 Liter Benzin transportiert, kann rund 625 Fahrzeuge mit je 60 Litern versorgen. Damit dementsprechend viele H_2-Fahrzeuge

(625 Stück) mit GH_2 eine vergleichbare Reichweite zurücklegen können, müsste ein GH_2-Lastzug (Speicherdruck 350 bar) rund 10-mal fahren.

4.5.3 Kosten

Die Bestimmung des aktuellen Preises von Wasserstoff ist ein sehr schwieriges Unterfangen, weil die Kosten je nach Herstellungsverfahren sehr stark variieren. Dabei spielt sowohl die Produktionsmethode als auch der Weg der Energieerzeugung eine wesentliche Rolle.

ABB. 40: LH_2-ABFÜLLUNG

Als Vergleichsgrundlage wird das so genannte *Benzinäquivalent* herangezogen. Für die Umrechnung wird die vorgegebene Energiemenge an Wasserstoff mit der gleichen Energiemenge von Benzin verglichen. Das Ergebnis besagt, dass ein Liter Benzin etwa der vierfachen Volumenmenge LH_2 entspricht.

Als Richtwert gilt momentan, dass der Literpreis für flüssigen Wasserstoff 0,50 Euro betragen könnte, was knapp 2 Euro für einen Liter Benzin entspräche. Der genannte Preis ist jedoch nur ein fiktiver Wert, der noch keine Praxisnähe aufweist.

TAB. 24: H_2-TRANSPORT

Trailer	GH_2	LH_2
Eigengewicht	40 t	40 t
Kraftstoffgewicht	0,53 t	3,37 t

Quelle: Linde

Es gibt derzeit relativ günstigen Wasserstoff, der durch Dampfreformierung beispielsweise aus Erdgas hergestellt wird oder als Nebenprodukt in der chemischen Industrie anfällt. Und es gibt teuren Wasserstoff, der mit Hilfe von Solarstrom aus Photovoltaikanlagen erzeugt werden könnte (s. Tab. 25).

In Berlin wird ein Kilogramm Wasserstoff an der Tankstelle der Clean Energy Partnership (CEP) für acht Euro angeboten. Das ist jedoch ein subventionierter Preis, da bisher noch niemand genau sagen kann, wie viel eine Tankfüllung eines Tages einmal kosten wird.

Von Seiten der Automobilhersteller hieß es noch Ende 1998, jedes einzelne Kilowatt für eine komplette Brennstoffzellenanlage inklusive der Nebenaggregate koste 2.500 bis 5.000 Euro. Vier Jahre später war der Preis für komplette BZ-Antriebe dann bereits auf 800 Euro pro Kilowatt gesunken. Dies ist allerdings im Vergleich zu Verbrennungskraftmaschinen mit rund 25 Euro pro Kilowatt immer noch um den Faktor 30 mehr.

Diese Zahlen zeigen zwar, dass sich die Lage stetig verbessert, aber Brennstoffzellen noch lange nicht konkurrenzfähig sind. Der angenommene Grenzwert, um auf dem Markt bestehen zu können, liegt für komplette BZ-Anlagen inklusive der Nebenaggregate deutlich niedriger (s. Tab. 26).

TAB. 25: WASSERSTOFFKOSTEN

Herstellung	Cent/kWh
Erdgas Dampfreformierung	4
Wasserkraft, Elektrolyse	9
Biomasse Vergasung	10
Wind, Elektrolyse	23
Photovoltaik, Elektrolyse	75

[Lehmann, 2001]

TAB. 26: GRENZKOSTEN FÜR BZ-SYSTEME

BZ-Systeme	Kosten
Blockheizkraftwerk	1.200 €/kW
Hausenergieversorgung	300 – 500 €/kW
Bus	150 €/kW
Pkw	50 €/kW

4.5.4 Technik

BMW gehört zu den wenigen Automobilherstellern, die in ihrem Zukunftskonzept nicht vornehmlich auf die Brennstoffzelle in Kombination mit dem Elektromotor als Antriebseinheit, sondern auf den Hubkolbenmotor setzen. Die Bayerischen Motorenwerke gehören zudem zu den Firmen, die mit am längsten an Wasserstoffautos forschen. Den ersten Versuchswagen mit H_2-Motor, der 300 Kilometer mit einer Tankfüllung dieses Zukunftskraftstoffes zurücklegen konnte, gab es bereits im Jahr 1979. Mittlerweile existiert die siebte Fahrzeuggeneration: der *Hydrogen 7.*

Die wasserstoffbetriebene 7er-Limousine hat den gleichen Produktentstehungsprozess hinter sich, der im Hause BMW auch bei konventionellen Fahrzeugen üblich ist. Der Motor ist speziell für den Kraftstoff Wasserstoff ausgelegt. Das Zwölfzylinderaggregat kann wie schon das seiner Vorläufermodelle bivalent mit Wasserstoff oder Superbenzin betrieben werden, dennoch handelt es sich nicht länger um einen umgebauten Benzinmotor. Die einzelnen Komponenten wurden individuell angepasst, um so viel Energie wie möglich aus dem Zukunftskraftstoff herausholen zu können. Trotzdem müssen Leistungseinbußen hingenommen werden.

Unter der Motorhaube dieses als Viersitzer ausgelegten 7er BMWs liegt ein 6-l-Ottomotor, der mit Wasserstoff eine Leistung von 191 Kilowatt bringt. Dies sind 135 kW weniger als im Benzinbetrieb (326 kW). Das maximale Drehmoment reduziert sich dementsprechend von 600 auf 390 Newtonmeter. Die Maximalgeschwindigkeit des H_2-Autos ist elektronisch auf 230 km/h begrenzt.

ABB. 41: SÄNGER XAVIER NAIDOO MIT EINEM HYDROGEN 7

Quelle: BMW

Auch wenn das angesichts derartiger Leistungseinbußen zunächst widersprüchlich klingt, ist der Wirkungsgrad bei wasserstoffbetriebenen Verbrennungsmotoren höher als bei normalen Benzinmotoren. Dies ist möglich, da der Verbrennungsprozess im Wasserstoffmotor aufgrund der hohen Brenngeschwindigkeit des Wasserstoff-Luft-Gemisches dem thermodynamisch günstigeren Gleichraumprozess näher kommt als der benzinbetriebene Motor. Auf diese Weise ist ein Motorwirkungsgrad von über 42 Prozent realisierbar; 38 % wurde bereits erzielt (Wirkungsgrad Benzinmotor: 23 % für mobile, 37 % für stationäre Anwendung).

Derartige Effizienzsteigerungen können allerdings nicht darüber hinwegtäuschen, dass der „Kraftstoff der Zukunft“ in seinen Eigenschaften begrenzt ist. Dies zeigt sich insbesondere bei der Speicherung. Insgesamt können bis zu acht Kilogramm LH_2 (engl.: liquid hydrogen) getankt werden. Diese reichen für eine Fahrstrecke von 200 Kilometern. Für größere Entfernungen muss die Benzinalternative mit dem 74 l fassenden Tank herangezogen werden. Nach dem Kraftstoffwechsel lassen sich dann weitere 500 km mit dem fossilen Energieträger zurücklegen.

Das Kühlkonzept für den kryogenen Kraftstoff basiert auf dem bekannten Thermoskannenprinzip. Die Wände des doppelwandigen Druckbehälters sind aus zwei Millimeter starkem Edelstahl gefertigt. Zwischen Innen- und Außentank befindet sich in dem vakuumisierten Raum eine 30 Millimeter dicke Isolierschicht, die einer 17 Meter dicken Ummantelung aus Styropor entspricht. Würde man den Tank mit kochendem Kaffee füllen, wäre die Flüssigkeit erst in rund drei Monaten auf Trinktemperatur abgekühlt.

Abgasseitig ist eigentlich nicht viel zu tun, da im Zukunftskraftstoff keine Kohlenstoffatome enthalten sind. Kohlenwasserstoffe, Kohlenmonoxid oder Kohlendioxid können daher bei der Oxidation kaum auftreten, lediglich in kleinsten Spuren durch die Verbrennung von Schmieröl. Um die dennoch auftretenden Stickoxide (NO_X) zu eliminieren, wählte BMW im Teillastbereich ein Magerkonzept mit hohem Sauerstoffanteil ($\lambda > 2$). Bei Volllast ($\lambda = 1$) genügt ein einfacher 3-Wege-Kat, da hier nur wenige NO_X-Emissionen auftreten. Und der Gemischbereich ($1 < \lambda < 2$), in dem am meisten Stickoxide entstehen, wird von der Motorsteuerung drehmomentneutral ausgeblendet.

ABB. 42: MAZDA RENESIS HYDROGEN ROTARY ENGINE

Quelle: Mazda

In Japan kümmert sich Mazda ebenfalls um H_2-Verbrennungsmotoren, baut dabei aber auf den Wankelmotor. Nach Angaben des asiatischen Konzerns soll dieser Motorentyp, einst von Felix Wankel entwickelt, besonders gut geeignet sein für die Verbrennung von Wasserstoff. Erste Versuche damit gab es schon 1991 mit dem Konzeptfahrzeug HR-X, das 200 Kilometer weit fahren konnte. Jahre später folgte ein bivalenter RX-8 sowie ein Mazda 5 mit einem Rotationsmotor in Hybridausführung.

Aus dem Hause Mazda heißt es, bei gleicher Leistung könne der H_2-Wankelmotor aufgrund seiner Bauweise und des Verbrennungsprinzips mit getrennten Kammern für Ansaug- und Verdichtungstakt kompakter und leichter gebaut werden. Durch die geringere Anzahl bewegter Teile sei er darüber hinaus weniger störungsanfällig und außerdem laufruhiger als der H_2-Ottomotor. Im Vergleich zu Brennstoffzellen sei diese Variante technisch weniger aufwändig und dadurch kostengünstiger. Dies liege auch daran, dass am Fahrzeug selbst nur geringe Änderungen notwendig seien, so dass das System ohne große Mehrkosten in bestehende Modelle eingebaut werden könne.

Weitere Details zum Themenkomplex „Wasserstoff und Brennstoffzellen" können in den ebenfalls von Sven Geitmann verfassten Büchern nachgelesen werden (s. Anhang: Verlagsprogramm).

5 SYNTHETISCHE ALTERNATIVEN

5 SYNTHETISCHE ALTERNATIVEN

Das Interesse an den so genannten *Biokraftstoffen der zweiten Generation* hat in den vergangenen Monaten und Jahren deutlich zugenommen. Merklich vorangekommen scheint diese Technik allerdings noch nicht zu sein, jedenfalls bekommt Otto Normalverbraucher bisher noch nichts davon mit. Dies liegt mit daran, dass die Herstellung dieser *synthetischen Kraftstoffe* meist aufwendiger als die von Biokraftstoffen der ersten Generation (s. Rapsöl und Biodiesel) ist, da die chemische Aufbereitung mit höheren Temperaturen und komplexeren Techniken verbunden ist.

Das Problem der ersten Biokraftstoffgeneration ist insbesondere der niedrige Ertrag. Sowohl Raps als auch Zuckerrohr leiden darunter, dass die Ausbeute an Pflanzenöl beziehungsweise Bioethanol pro Hektar und pro Tonne Biomasse zu gering ist. Dieses Manko könnte bei der nächsten Spritgeneration behoben werden, da dann die gesamten Pflanzen umgesetzt werden, während bei Rapsöl nur die Samenkörner Verwendung finden. Für synthetische Kraftstoffe kann alles genutzt werden, was auf dem Acker wächst und bisher auf dem Kompost gelandet ist. Die Ausbeute liegt somit weitaus höher. Auf diese Weise könnte der Ertrag von einem Hektar Anbaufläche anstelle von bisher 1.500 Liter Kraftstoff zukünftig etwa 4.000 l betragen.

Der Grundgedanke, der sich dahinter verbirgt, ist, dass auch Benzin und Diesel ursprünglich aus Tier- und Pflanzenresten entstanden sind, allerdings liegt deren Verwertung schon Jahrmillionen zurück. Als Ausgangsmaterialien für diesen neuen so genannten *XtL-Sprit* kommen verschiedene Grundstoffe in Frage: Bei *Biomass to Liquid* (kurz BtL) wird der flüssige Kraftstoff aus fester Biomasse hergestellt. Als zweite Variante gibt es *Gas to Liquid* (kurz GtL), wobei Erdgas als Ursprungsmaterial gewählt wird. Darüber hinaus gibt es noch *Coal to Liquid* (kurz CtL). Bei diesem Verfahren dient Kohle als Basis zur Kraftstoffherstellung.

5.1 Biomass to Liquid (BtL)

BtL-Kraftstoffe sind derzeit noch nicht an Tankstellen zu bekommen. Vorerst werden sie in Laboren entwickelt und in ersten Versuchsanlagen analysiert. Die Firma Choren Industries GmbH aus Freiberg in Sachsen arbeitet beispielsweise gemeinsam mit Daimler, Volkswagen und Shell an dem Designer-Kraftstoff *SunFuel*, der nach der Fischer-Tropsch-Synthese hergestellt wird. Bei dem selbst entwickelten Carbo-V-Verfahren wird Biomasse (Holz, Stroh, Gras) innerhalb weniger Stunden in ein Synthesegas überführt, aus dem anschließend flüssiger, kristallklarer Kraftstoff erzeugt werden kann. In Niedersachsen arbeitet Cutec (Clausthaler Umwelttechnik-Institut) ebenfalls mit diesem Syntheseverfahren. Dessen Endprodukt heißt *Artfuel*.

Ein etwas anderes Konzept zur BtL-Produktion verfolgt das Forschungszentrum Karlsruhe (FZK), das gemeinsam mit der Lurgi AG sowie der Siemens Fuel Gasification Technology GmbH an *Bioliq* arbeitet. Zur Erzeugung dieses synthetischen Kraftstoffes wird Biomasse in dezentralen Zersetzungsanlagen durch Pyrolyse bei 500 °C in ein flüssiges Zwischenprodukt überführt. Die Energiedichte dieser Substanz (so genanntes *Slurry*) ist ähnlich hoch wie von Mineralöl, so dass der Transport wirtschaftlicher ist als bei der Beförderung von Biomasse. Die Weiterverarbeitung erfolgt mit dem MtS-Verfahren (Methanol to Synfuel). In einer zentralen Großanlage kommt es dabei zur Gaserzeugung und Kraftstoffsynthese bei Temperaturen von 1.200 °C. Heraus kommt ein Synthesegas, aus dem sich alle wichtigen chemischen Grundbausteine erzeugen lassen. Auf diese Weise lassen sich alle Arten von Diesel- und Benzinkraftstoffen herstellen, mit dem Vorteil, dass sie reiner, umweltverträglicher und leistungsstärker als mineralölische Kraftstoffe sind.

Ein wesentlicher Vorteil von BtL-Sprit gegenüber Rapsöl und Biodiesel ist, dass kaum Konkurrenz zur Lebensmittelwirtschaft besteht, da dieser Kraftstoff aus der Zellulose und nicht aus den Früchten von Pflanzen erzeugt wird. Grundsätzlich kann aus allen erdenklichen Pflanzen Kraftstoff hergestellt werden, sei es aus Holz, Sägemehl, Stroh oder Blattwerk. Selbst aus Algen lässt sich Sprit erzeugen. Darüber hinaus zählen auch tierische Exkremente (Jauche, Gülle) und Überreste zum Bereich der Biomasse, aus denen BtL-Kraftstoff „gekocht“ werden kann.

ABB. 43: BTL-KRAFTSTOFF AUS BIOMASSE

Quelle: FNR

Ein Hauptargument für die BtL-Herstellung ist, dass die Effizienz der gesamten Energieumwandlungskette deutlich steigt. Bisher landete rund drei Viertel des biologischen Abfalls im Kompost. Ein hoher Prozentsatz davon kann zukünftig einer energetischen Weiterverwertung zugeführt werden, was zu einem höheren Wirkungsgrad gegenüber den Biokraftstoffen der ersten Generation führt. Auch Restholz, sei es Abbruchholz oder Astwerk, kann genutzt werden. Hier treten aber auch schon erste Hürden auf, da viele behandelte Hölzer nur mit entsprechenden Filtern weiterverarbeitet werden können.

Gänzlich neue Potentiale stecken in den so genannten schnell wachsenden und resistenten Pflanzen, die ohne besondere Pflege gedeihen, wie zum Beispiel Pappeln, Weiden, Stroh und Miscanthus (Chinaschilf). Die in diesen Pflanzen gespeicherte Sonnenenergie kann durch die Umwandlung in Kraftstoff zeitlich und räumlich unabhängig genutzt werden, so dass Biomasse im Treibstoffsektor über deutliche Vorteile gegenüber Solarenergie und Windkraft verfügt.

Die größte Energieausbeute dieser Pflanzen bieten Schilfgräser als die am schnellsten wachsenden Gräser der Welt. Bei Versuchen mit Schilfgräsern des

Landwirtschaftsministeriums Baden-Württemberg über zehn Jahre konnte ein Ertrag von bis zu 30 Tonnen Trockenbiomasse pro Hektar erzielt werden. Das entspricht zwölf Tonnen Steinkohle oder 14.000 Litern Heizöl jährlich pro Hektar. Bereits im Mittelalter gab es einen gezielten Anbau zur Holzgewinnung. Damals waren so genannte Niederwälder sehr beliebt. Man pflanzte Gehölze wie Hasel, Linde, Hainbuche oder Spitzahorn, die nach dem Fällen aus den im Boden schlummernden Wurzelstöcken wieder neu austreiben. Ohne Bäume nachpflanzen zu müssen, konnten die mittelalterlichen Waldbewirtschafter eine Fläche komplett abholzen und nach 15 bis 30 Jahren erneut abernten.

Heute kommen speziell auf schnelles Wachstum gezüchtete Pappel- und Weidensorten zum Einsatz, die über Stecklinge (10.000 Pappeln pro Hektar) vermehrt werden. Darüber hinaus werden neben Waldresthölzern und Schwachholz aus Kostengründen auch Altholz (Gebrauchtholz) beziehungsweise holzartiger Industrieabfall verwendet (etwa 25 Euro pro Tonne).

Seit einiger Zeit wird der Anbau von Energiepflanzen speziell gefördert. Aussagekräftige Zahlen über Kurzumtriebsplantagen (Kup), in wie weit deren Anbau wirtschaftlich ist, gibt es in Deutschland bisher jedoch kaum. Im sächsischen Methau wurde über zehn Jahre eine Pappelplantage bewirtschaftet, die Anfang 2009 abgeerntet wurde. Im Rahmen eines Forschungsprojektes sollten dort Daten zur Wirtschaftlichkeit und zu ökologischen Auswirkungen gesammelt werden. Dafür wurde eine Fläche mit bestem Ackerboden zur Verfügung gestellt. Pro Hektar wurden insgesamt rund 1.000 Balsampappeln und Aspen gepflanzt. Diese erreichten bei der Ernte einen Durchmesser von 25 cm, ihre Stämme wurden bis auf neun Zentimeter Zopf abgeastet. Die Baumkronen wurden dann zu Hackschnitzeln verarbeitet und im Biomasseheizkraftwerk verbrannt. Wie der Ackerboden die Plantagenbewirtschaftung verkraftet, ist derzeit noch ungewiss. Ebenso ungewiss ist die weitere Unterstützung dieser Art der Bewirtschaftung, da die EU derzeit noch über ein geeignetes Förderinstrument in Anlehnung an die Energiepflanzenprämie verhandelt.

Beim Wachstum eines Kubikmeters Holz wird der Atmosphäre rund eine Tonne Kohlendioxid entzogen. Etwa ein Viertel davon wird als Kohlenstoff im Holz gespeichert, die restlichen drei Viertel werden als Sauerstoff freigesetzt. Der im Holz gebundene Kohlenstoffanteil wird bei der Verbrennung wieder freigesetzt. Dabei ist es gleichgültig, ob diese Verbrennung innerhalb von Sekunden mit lodernder Flamme durchgeführt wird oder über Jahre hinweg bei der Verwesung im Wald erfolgt. In beiden Fällen gelangt die gleiche CO_2-Menge in die Umwelt. Die energetische Nutzung von Holz ist daher CO_2-neutral.

Bäume und Gräser sorgen somit weltweit für ein natürliches Gleichgewicht, indem sie mit Hilfe der Sonnenenergie Kohlendioxid in Biomasse und Sauerstoff umwandeln. Nicht zu vergessen sind hierbei die Algen, die bereits vor 3,5 Mrd. Jahren die Erdatmosphäre erschufen und auch heute noch rund 50 % des vorhandenen Sauerstoffs erzeugen.

Die großtechnische Produktion von BtL-Kraftstoffen ist durchaus praktikabel. Es besteht das Potenzial, bis zum Jahr 2030 rund 35 % des Kraftstoffbedarfs auf diesem Weg abdecken zu können – bezogen jeweils auf den Energiegehalt und unter Vorbehalt von Nutzungskonkurrenzen, insbesondere mit den Bereichen Strom, Wärme und Chemie. [dena, 2006] Das technische Potenzial liegt in Deutschland in einer Größenordnung von etwa 40 bis 70 Mio. t Trockensubstanz pro Jahr (entspricht 719 bis 1.219 PJ). Damit könnten bis zu 15 Mio. t BtL pro Jahr hergestellt werden (bei einem Wirkungsgrad der BtL-Produktion von 42 %), was bezogen auf den Energiegehalt einem Anteil von rund 22 % des heutigen Kraftstoffverbrauchs in Deutschland entspricht. Die Spritkosten ließen sich somit auf unter 0,80 Euro pro Liter senken.

Ein positiver Effekt ist dabei die zunehmende Abnabelung von erdölexportierenden Ländern. Der Weg über Bioenergie bietet die Möglichkeit, im eigenen Land und aus eigener Kraft Sprit für den Transportsektor herstellen zu können. Auch wenn zunächst keine 100 %ige Substitution von Benzin und Diesel realisierbar erscheint, reduziert sich dadurch die Abhängigkeit von Ölimporten. Diese Unabhängigkeit erlangt zunehmend an Bedeutung, da viele Ölfelder in politisch instabilen Regionen liegen.

Dennoch können auch die Biokraftstoffe der 2. Generation den Energiedurst des weltweiten Transportsektors nicht alleine decken. Denn auch andere Wirtschaftszweige (z. B. Kunststoff- und Chemieindustrie) setzen den gleichen Grundstoff ein. Auch sie benötigen eine Alternative zum Mineralöl und bauen daher ebenso auf Biomasse. Gleiches gilt für die Möbelindustrie, die auch bereits ihren Bedarf angemeldet hat. Diese steigende Nachfrage nach Biomasse wird unweigerlich deren Preis in die Höhe treiben. Es ist daher unabdingbar, parallel zur Etablierung dieser biogenen Kraftstoffe an der weiteren Effizienzsteigerung der Motorentechnik zu arbeiten.

5.2 Gas to Liquid (GtL)

Der zweite Weg bei der Herstellung synthetischer Kratstoffe führt über fossiles Erdgas (GtL), aus dem ebenfalls flüssiger Kraftstoff hergestellt werden kann. Auch bei dessen Produktion spielt das Fischer-Tropsch-Verfahren eine zentrale Rolle. Franz Fischer und Hans Tropsch hatten 1925 in Mühlheim an der Ruhr herausgefunden, dass sich Gemische aus Kohlenstoffmonoxid und Wasserstoff über einen Kobalt-Katalysator verflüssigen lassen. Sie nutzten das Verfahren, um aus Kohle flüssigen Kraftstoff zu gewinnen. Dabei wird zunächst Synthesegas erzeugt, ein Gemisch von Wasserstoff und Kohlenmonoxid. Bei Fischer und Tropsch lautete damals die Reaktionsgleichung:

$$CH_4 + \frac{1}{2} O_2 \rightarrow 2 H_2 + CO$$

Heute erfolgt die Synthesegaserzeugung aus Erdgas mit Hilfe von Wasserdampf und Katalysatoren, mit anschließender Reinigung und katalytischer Kohlenwasserstoffsynthese. Es folgt eine Destillation sowie eine individuelle chemische Auswahl der gewünschten Eigenschaften. Genau diese Auswahlmöglichkeit macht den besonderen Reiz dieser synthetischen Kraftstoffe aus, da auf diese Weise der „Traumsprit“ gekocht werden kann. Das Resultat ist dann ein GtL-Kraftstoff, der sauber ist, eine ausgezeichnete Oxidationsstabilität aufweist, über eine hohe Viskosität verfügt und ein gutes Tieftemperaturverhalten besitzt.

5.3 Coal to Liquid (CtL)

Wird Kohle als Ausgangsmaterial eingesetzt, spricht man von Kohleverflüssigung (Kohlehydridierung, CtL). Die Ursprünge der CtL-Technologie gehen zurück auf Friedrich Bergius, der bereits 1913 ein Verfahren zur Herstellung von flüssigen organischen Verbindungen aus Steinkohle patentieren ließ und dafür 1931 den Nobelpreis in Chemie erhielt. Bei dem nach ihm und Matthias Pier benannten Bergius-Pier-Verfahren werden durch die Hydrierung von Kohle mit Wasserstoff in einer exothermen Reaktion Kohlenwasserstoffe erzeugt. Außerdem gibt es die Möglichkeit der Kohleextraktion. Hierbei wird zum Beispiel Tetralin als Lösungsmittel eingesetzt, das während der Extraktion zu Naphthalin oxidiert und Wasserstoff an die Kohle abgibt.

Voraussichtlich werden diese synthetischen Kraftstoffe frühestens nach 2015 auf den Markt kommen.

6 ELEKTRISCHE ALTERNATIVEN

6 ELEKTRISCHE ALTERNATIVEN

Die Zukunft fährt elektrisch, sei es mit Brennstoffzellen-, Hybrid- oder Batteriefahrzeug. Die elementare Frage bei dieser Antriebsart ist jedoch: Wie wird der benötigte Kraftstoff hergestellt?

Batteriefahrzeuge gelten gemeinhin als saubere Sache, weil sie während der Fahrt keinerlei Schadstoffe emittieren. Die Frage ist nur, wie der Strom erzeugt wurde, der in ihren Akkumulatoren gespeichert ist. Wurde die elektrische Energie in Kohlekraftwerken erzeugt, dann sind E-Autos eher noch umweltschädlicher als Benzin- oder Dieselautos. Waren es Atomkraftwerke, sind wir wieder bei der unseligen Diskussion über Kernenergie. Wirklich zielführend ist der Betrieb von Elektrofahrzeugen somit nur, wenn der benötigte Strom aus erneuerbaren Energien generiert wurde.

Brennstoffzellen- und Hybridfahrzeuge haben hier einen klaren Vorteil: Sie sind von der Kernenergiediskussion nicht betroffen. Aber auch bei ihnen stellt sich die Frage nach dem Herstellungsverfahren des favorisierten Energiespeichers.

Dieser Frage muss sich die gesamte Elektromobilitätsbranche stellen. Bei konventionellen Verbrennungsmotoren ist die Antwort einfach. Über hundert Jahre lang war Rohöl die Energiequelle, die eine immer stärker ausufernde individuelle Mobilität ermöglichte. In Zukunft wird es aber nicht nur einen Herstellungspfad geben. Es wird vielmehr eine Diversifizierung sowohl der Antriebstechniken als auch der Kraftstoffe geben.

6.1 Strom

Seit 2008, seit der Ölpreis zuvor unbekannte Höhen erreicht hat, herrscht ein regelrechter Elektromobilitäts-Hype. Automobilkonzerne und Energieversorger werben mit dieser scheinbar so sauberen Antriebstechnologie, als wenn bereits hunderte von Fahrzeugen täglich von den Fertigungsbändern rollen würden. Die damit verbundene Euphorie basiert vorrangig auf hoch gesteckten Erwartungen einzelner Interessengruppen, die merklich von einer verstärkten Elektrifizierung des Transportsektors profitieren. Dies betrifft beispielsweise Energieversorger, aber auch Fonds-Manager, die frühzeitig diesen Trend erkannt und entsprechende Finanzprodukte erschaffen haben. Neben diesen vorrangig von wirtschaftlichen Interessen getriebenen Maßnahmen zur Ankurbelung der Elektromobilität hat es in den vergangenen Monaten auch einen Politikwechsel gegeben. Lange Zeit zeigte sich die Bundesregierung bei diesem Thema sehr zurückhaltend, aber spätestens seit der Nationalen Strategiekonferenz Elektromobilität im November 2008 werden auch von politischer Seite verstärkt konkrete Schritte in eine neue Mobilitätsepoche unternommen:

Aus der Nationalen Strategiekonferenz Elektromobilität entstand das Förderprogramm *Modellregionen Elektromobilität*, zu der am 24. August 2009 in Berlin die Auftaktveranstaltung stattfand. Im Bundesverkehrsministerium stellten die acht ausgewählten Regionen ihr individuelles Konzept vor. Jede Modellregion verfügt über unterschiedliche Konzepte und soll innerhalb von zwei Jahren als Testgebiet für Elektrofahrzeuge fungieren. Dabei sollen gezielt der Aufbau und der Betrieb einer Infrastruktur für Elektromobilität erprobt werden. Die auserwählten Modellregionen Elektromobilität sind: Berlin/Potsdam, Bremen/ Oldenburg, Hamburg, München, Rhein-Main, Rhein-Ruhr, Sachsen und Stuttgart.

Nur eine Woche vor dieser Auftaktveranstaltung hatte die Bundesregierung den *Nationalen Entwicklungsplan Elektromobilität* verabschiedet. Dieser soll als Rahmen dienen, um die Forschung und Entwicklung, die Marktvorbereitung und die Markteinführung von batterieelektrisch betriebenen Fahrzeugen in Deutschland voranzubringen. Neben der Erprobung ihrer Alltagstauglichkeit geht es auch um den Aufbau erster Ladestationen. Deutschland soll auf diese Weise zum Leitmarkt für Elektromobilität auf- und ausgebaut werden.

Finanziert wird die Umsetzung dieses Plans aus Mitteln des Konjunkturpakets II, in dem die Bundesregierung 500 Mio. Euro für das gesamte Thema Elektromobilität bereitstellt. Sie verfolgt damit vorrangig drei Ziele:

- gesellschaftlich: deutliche Unterstützung der Elektromobilität mit ihrem großen Potenzial zur Steigerung der Energieeffizienz und Reduktion von Schadstoffemissionen im Verkehr

- technisch: Technologieentwicklung entlang der Wertschöpfungskette zur Schaffung einer guten technologischen Basis für Marktvorbereitung und Markteinführung
- konjunkturell: Setzen konjunktureller Impulse durch Initiierung zusätzlicher Investitionen und Sicherung hochwertiger Arbeitsplätze

Im Februar 2010 wurde vom Verkehrs- und Wirtschaftsministerium die *Gemeinsame Geschäftsstelle Elektromobilität* (GGEMO) in Berlin eingerichtet. Ziel dieser Einrichtung ist die Bündelung und Koordinierung der Aufgaben im Bereich Elektromobilität. Im Mai 2010 fand zudem ein Kanzleringipfel in Berlin statt, bei dem offiziell die *Nationale Plattform Elektromobilität* gestartet wurde. Die Vorgabe der Bundesregierung lautet: Eine Million Autos mit Elektroantrieb sollen bis 2020 auf den deutschen Straßen rollen.

Elektromobilität steht somit derzeit bei Politikern und Unternehmen hoch im Kurs, doch selbst positive Schätzungen gehen deutschlandweit „nur" von ein bis zwei Millionen Fahrzeugen im Jahr 2020 aus. Das sind nicht einmal fünf Prozent des Bestandes. Der Rest – fast 50 Millionen Pkw – wird weiter mit Benzin oder Diesel unterwegs sein. Das zeigt, dass zur Lösung der akuten Probleme von Klimawandel und Ressourcenschwund Elektroautos in absehbarer Zeit nur einen bescheidenen Beitrag leisten können.

Bevor hier also mit dem Thema Elektromobilität wieder eine neue Spekulationsblase erschaffen wird, geht es zunächst vornehmlich um eine Versachlichung der Debatte über die Zukunft der Mobilitätsbranche. Mitunter vergessen nämlich einige Diskutanten, dass etliche elementare Fragen nach wie vor ungeklärt sind: Dies betrifft neben der Verfügbarkeit des Rohstoffes Lithium unter anderem auch die Standardisierung der Beladungstechnik, den Aufbau der Infrastruktur sowie die Reichweitenproblematik.

Beim Thema Brennstoffzellentechnologie gab es zur Jahrtausendwende eine ähnliche Aufregung, im Rahmen derer zunächst hohe Erwartungen geschürt und dann nicht erfüllt wurden. Dies sollte der Elektromobilitätsbranche erspart bleiben, da ansonsten der gänzlich verwirrte Verbraucher am Ende weder mit BZ-Autos noch mit reinen Batterie-Autos, sondern weiterhin mit Benzin- und Diesel-Autos durch die Straßen fährt.

6.1.1 Batteriebetrieb

Die Anfänge der Elektromobilität liegen über 100 Jahre zurück. Um 1900 fuhren in den USA bereits 38 % Elektrowagen und im Vergleich dazu nur 22 % benzingetriebene Motorkutschen. Die bekannten Probleme der Batterietechnik (geringe Reichweite, fehlende Ladestationen, schwere Batterien) hemmten jedoch die Weiterentwicklung, so dass der E-Motor dem Siegeszug des Hubkolbenmotors kaum etwas entgegenzusetzen hatte. Der Verbrennungsmotor löste somit den Elektromotor als Antriebsaggregat ab. Seitdem fristete der E-Motor im Fahrzeug sein Dasein als Hilfsaggregat zum Starten der Verbrennungsmaschine.

Dabei gilt elektrische Energie als vergleichsweise hochwertige Energieform, weil sie quasi das Endprodukt vorweggegangener Umwandlungs- und Veredlungsprozesse anderer Energieträger darstellt und weil aus ihr alle anderen Energieformen erzeugt werden können. Ein großer Vorteil von Strom ist zudem, dass bei dessen Nutzung lokal keine Schadstoffe auftreten. Deshalb ist auch der Batteriebetrieb von Fahrzeugen insbesondere innerhalb von Lager- oder Werkhallen sowie in Ballungsräumen geeignet. Dabei darf jedoch nicht vergessen werden, dass der in der Batterie gespeicherte Strom zuvor – meist in Kraftwerken – erzeugt wurde, so dass an anderer Stelle durchaus Emissionen aufgetreten sind.

Nachteilig bei den herkömmlichen Batterien ist deren niedrige Energiedichte. Im Verhältnis zum Batteriegewicht und -volumen speichern sie relativ wenig Strom, weshalb ihnen bis zum Ende des letzten Jahrtausends kaum Chancen für den Antrieb zukünftiger Autos eingeräumt wurden.

Mit der Weiterentwicklung der Batterietechnik kam jedoch Bewegung in die Branche. **Natrium-Nickel-Chlorid-Batterien** (NNC) wiegen nur noch ein Drittel so viel wie Bleibatterien und speichern die dreifache Energiemenge. Das Problem von NNC-Batterien ist jedoch, dass sie bei relativ hohen Betriebstemperaturen (300 °C) arbeiten. Sie benötigen außerdem etwa ein Zehntel der gespeicherten Energie, um sich selber zu heizen; auch im Stillstand.

Auch **Nickel-Metallhydrid-Batterien** sind im Vergleich zu Blei-Akkus leichter und leistungsfähiger, gelten vom technischen Standpunkt betrachtet aber schon wieder als veraltet. Eine bessere Performance versprechen **Lithium-Ionen-Akkumulatoren**, auch wenn noch einiges in Bezug auf Explosionssicherheit und Überladegefahr getan werden muss. Li-Ionen-Akkus sind nochmals um

50 Prozent leichter als Ni-Mh-Akkus und zudem dreimal so leistungsfähig. Im Mobiltelefon- und Notebook-Markt sind sie bereits stark verbreitet und auch im Bereich kabelloser Elektrowerkzeuge.

Bislang gingen viele Experten davon aus, dass die Lithium-Vorkommen nicht sonderlich üppig sind. Innerhalb eines vom Bundesministerium für Bildung und Forschung geförderten Projektes (Systemforschung Elektromobilität) hat das Karlsruher ISI jedoch herausgefunden, dass die weltweit vorhandenen Reserven dieses Alkalimetalls auch bei hoher Nachfragesteigerung bis 2050 ausreichen werden. Die Wissenschaftler weisen allerdings darauf hin, dass Lithium nur in wenigen Ländern vorkommt, von denen einige in politisch instabilen Regionen liegen (z. B. in Afghanistan). Deshalb seien trotz ausreichender geologischer Vorkommen Versorgungsstörungen nicht völlig auszuschließen. Hinzu kommt, dass diese Vorkommen häufig in bislang weitgehend unberührten Ökosystemen (z. B. Salzseen in Südamerika und China) zu finden sind. Die Wissenschaftler empfehlen daher effiziente Recyclingprogramme für Lithium und die Entwicklung neuer Batterietechnologien, um die Vorkommen zu schonen.

Für alle Batterietypen gilt, dass der Zeitraum für die Beladung (3 bis 8 Std.) gegenüber der bisherigen Kraftstoffbetankung (2 bis 3 Min.) vergleichsweise lang ist. Wenn es schnell gehen soll (30 bis 150 Min.), wird mit einer Spannung von 400 V und einer Stromstärke bis maximal 63 A geladen. Es ist aber auch eine Batterieaufladung über Nacht mit Hausstrom bei 220 V und maximal 16 A möglich. Darüber hinaus ist die Reichweite von Elektrofahrzeugen stark begrenzt (um die 100 km), wenn auch jüngste Erfolge bei der Erforschung der Lithium-Ionen-Technik darauf hindeuten, dass zukünftige Elektrofahrzeuge in der Lage sein könnten, 500 Kilometer zu fahren, bevor sie wieder aufgeladen werden müssen.

Außerdem gibt es Beschränkungen bezüglich des Gewichts von Elektroautos. Beim Batterieantrieb liegt die Obergrenze bei einer Gesamtlast von vier Tonnen. Bei einem höheren Gewicht würde das Nutzlast/Gewicht-Verhältnis zu schlecht. Dies bedeutet, dass für den Bereich des Schwerlastverkehrs (Busse, Lkw, Baustellenfahrzeuge) ein Betrieb mit geringsten oder Null-Emissionen auf längere Sicht nicht mit Batterien zu realisieren sein dürfte.

ABB. 44: DER TESLA ROADSTER

Quelle: Tesla

Als positiv zu bewerten ist die Geräuscharmut bei Elektroantrieben. Da es deutlich weniger bewegte Teile als beim Hubkolbenmotor gibt und auch keine Verbrennung stattfindet, ist bei batteriebetriebenen Fahrzeugen lediglich ein leises Surren zu hören, das im Gegensatz zum lauten Nageln von Dieselaggregaten vernachlässigbar erscheint.

Aufgrund der geringen Anzahl bewegter Teile sind E-Autos darüber hinaus vibrationsarm und ermöglichen somit ein sehr ruhiges Fahrvergnügen. Außerdem sind sie wartungsarm, weil es kaum Verschleiß gibt und auch kein Schmieröl verwendet wird. Hinzu kommt, dass der getriebelose Betrieb ein gutes Beschleunigungsverhalten aufweist. Es gibt keine Schaltvorgänge, die den Anfahrvorgang unterbrechen. Stattdessen verfügen E-Motoren über ein äußerst hohes Drehmoment, das schon so manchen sportlichen Fahrer begeistert hat.

Bewährt bei Elektrofahrzeugen haben sich in der Vergangenheit so genannte Radnabenmotoren, bei denen auf die Installation eines zentralen Elektromotors verzichtet werden kann. Hierbei werden jeweils direkt an der Radaufhängung dezentrale Motoren eingesetzt, also genau dort, wo sie für den notwendigen Vortrieb sorgen sollen (Beispiel: Mitsubishi Lancer Evolution MIEV). Diese verfügen über Außenläufer, wobei der Innenteil starr mit der Radaufhängung verbunden ist und der Außenteil rotiert. Gegenüber den zuvor verwendeten Innenläufern besitzen diese den Vorteil, dass ein schweres Getriebe überflüssig wird.

Mitte 2006 sorgte Tesla Motors für Furore, als das amerikanische Unternehmen den Tesla Roadster (s. Abb. 44) präsentierte: ein knallroter Elektroflitzer mit einer maximalen Leistung von 185 kW. Als Energiespeicher dienen 6.381 Lithium-Ionen-Akkus, die innerhalb von drei Stunden aufgeladen werden können und für rund 400 km reichen. Die limitierte Kleinauflage von 100 Fahrzeugen war trotz des Stückpreises von 100.000 US-Dollar sofort vergriffen. Die Serienproduktion startete im März 2008.

Andere Autohersteller versuchen mittlerweile, den Rückstand in der Entwicklung von Elektro- und Hybridfahrzeugen aufzuholen. Bei den meisten Anbietern war jedoch außer hochtrabenden Ankündigungen Ende 2010 noch nicht viel zu holen. Eine der wenigen Ausnahmen ist Nissan. Die ersten Exemplare des Elektromodells Leaf wurden 2010 für 25.280 US-Dollar (inkl. Förderung) in den USA verkauft. Der tatsächliche Rollout ist für 2012 vorgesehen. Eine Batterieladung, die für 160 km reichen soll, kostet dort etwa drei US-Dollar.

In Europa gibt es bisher nur Umrüstlösungen. Die mittelständische Firma Micro-Vett aus Italien baut Fiat-Serienmodelle in Elektrofahrzeuge um. Seit Mitte der 1990er Jahre sind dort über 5.000 Elektrofahrzeuge entstanden. Neben dem Fiat 500 E bauen die dortigen Techniker die Kleintransporter Fiat Fiorino und Doblo zu elektrisch betriebenen Autos um. Potentielle Kunden waren zunächst vornehmlich italienische Unternehmen, die entsprechend gefördert wurden. Einige Modelle gelangen mittlerweile auch über Fiat-Händler nach Deutschland und werden im Rahmen eines Flottenversuchs verleast (Monatsrate inkl. Strompaket: 899 Euro).

Auch Peugeot bietet seinen *iOn* seit Ende 2010 auf dem Markt als Leasing-Fahrzeug an (unter 500 Euro im Monat, Betriebskosten: ca. 1,50 Euro auf 100 km). Der französische Automobilhersteller zählt dabei auf den von Mitsubishi entwickelten und dort unter dem Namen *i-MiEV* erhältlichen Elektrokleinwagen. Der Mitsubishi *i-MiEV* wird seit 2009 in Großserie gebaut und ist seit 2010 auch in Europa erhältlich (Reichweite: 144 km, Leistung: 47 kW).

Ansonsten gibt es kaum vorzeigbare vollwertige E-Autos, aber dafür jede Menge Ankündigungen: Volkswagen ließ beispielsweise verlautbaren, das Ziel der Wolfsburger sei die Marktführerschaft in der E-Mobilität bis 2018. Mit ersten Serienfahrzeugen ist jedoch nicht vor 2013, dem „Schlüsseljahr" des reinen Elektroautos, zu rechnen. Dann soll der *e-up!* in Serie gehen. Wenige Monate später soll der *E-Golf* und zum Jahresende der *E-VW-Jetta* kommen.

Ende 2009 präsentierte mit EWE der erste Energieversorger den Prototyp eines eigenen Elektrofahrzeugs. Gemeinsam mit dem Projektpartner Karmann entstand der *EWE E3*, bei dem es sich um einen alltagstauglichen batterieelektrischen Kleinwagen handelt. Der Viersitzer mit Steilheck verfügt über vier Türen und einen vollwertigen Kofferraum. Die Batterie, die einen 37 kW starken Synchronmotor versorgt, wurde platzsparend unterflur in den Rohbau integriert und reicht für über 150 km. Mit diesem Fahrzeug beabsichtigt EWE neue Wege zu beschreiten: Das Oldenburger Unternehmen versteht es als Bestandteil seiner neuen Gesamtstrategie, die auf drei **E**s baut: **E**nergieeinsparung, **E**ffizienzsteigerung sowie den Ausbau erneuerbarer **E**nergien. Zweck des E3 ist unter anderem, die Einbindungsmöglichkeiten von Elektroautos in das Stromnetz zu erforschen, wobei es auch um die Entwicklung einer entsprechenden Informationstechnologie geht. So soll eine Kommunikation zwischen Auto und Ladestation möglich sein, über die auch eine Abrechnung der Ladekosten unabhängig vom Standort und eine komplette Ferndiagnose per GSM realisiert werden kann.

Von einer anderen Seite nähert sich die israelische Firma Better Place dieser Thematik. Das Unternehmen des ehemaligen SAP-Managers Shai Agassi versteht sich als intelligenter Dienstleister und möchte seinen Kunden ein modernes Mobilitätskonzept anbieten. Dieses besteht aus Elektrofahrzeugen, deren Batterien wahlweise zu Hause aufgeladen oder einfach unterwegs ausgewechselt werden können. Neben der Beförderung vom Ort A zum Ort B bietet Better Place ein einfaches Abrechnungssystem pro gefahrenen Kilometer sowie eine moderne IT-Plattform, die das Energiemanagement des Fahrzeugs übernimmt, an.

Dieses Konzept wird in der ersten Jahreshälfte 2011 in Israel und 2012 in Dänemark und Australien in die Praxis umgesetzt. Dort bekommen die Kunden dann neben einem Auto auch die Infrastruktur mit Ladestationen in Einkaufszentren oder bei der Bahn an Park-&-Ride-Stationen. Die Fahrzeuge kommen von Renault. Better Place vereinbarte mit dem französischen Autokonzern, dass bis zum Jahr 2016 in Israel und Dänemark mindestens 100.000 Exemplare auf den Markt gebracht werden.

6.1.2 Hybridbetrieb

Hybridfahrzeuge sind erst seit wenigen Jahren auf dem Markt erhältlich, obwohl die Idee dahinter schon uralt ist. Ferdinand Porsche werkelte als Entwicklungschef bei Lohner in Wien bereits im neunzehnten Jahrhundert an Benzin-Strom-Autos. Zur Stromerzeugung diente ihm ein 12-kW-Benzinmotor, der einen 80-Volt-Dynamo antrieb. Dieser versorgte zwei Elektromotoren, die in den Naben der Vorderräder platziert waren, mit Elektrizität.

Trotz der frühzeitigen Entdeckung dieses gemeinsamen Wirkprinzips gibt es heute erst relativ wenige Fahrzeuge, die mindestens zwei Energieumwandler und zwei Energiespeichersysteme eingebaut haben. Wenn doch, dann sind es meist ein Verbrennungs- und ein Elektromotor kombiniert mit einem Benzin- oder Dieseltank sowie einem Akkumulator. Allerdings wird unterschieden, je nachdem, wie groß die verschiedenen Komponenten ausfallen.

Es gibt so genannte *Micro-Hybrids*, bei denen kein eigenständiger Elektroantrieb vorhanden ist, sondern lediglich eine Start/Stop-Einrichtung mit Starter-Generator. Der normal dimensionierte Verbrennungsmotor schaltet sich im Schubbetrieb (Bremsvorgang, Bergabfahrt) sowie im Stillstand ab und wird bei Berührung des Gaspedals automatisch vom Starter-Generator wieder gestartet (Beispiele: Smart mhd, BMW 1er, Citroen C3).

Bei den *Mild-Hybrids* steht die im Vergleich dazu etwas stärker dimensionierte elektrische Antriebsvariante als limitierte Unterstützung der Fahrleistung dem Hubkolbenmotor zur Seite. Dank dieses zusätzlichen E-Antriebs kann der Verbrennungsmotor geringfügig kleiner ausfallen (Bsp.: Honda Civic Hybrid, Citroen C4 Hybrid HDi, Peugeot 307 Hybrid HDi).

Anders ist es bei den *Full-Hybrids*, bei denen die elektrische Fahrleistung im Bereich von bis zu 50 kW liegt, so dass der Elektromotor allein voll für den Stadtverkehr dimensioniert ist. Diese spritsparenden Autos werden mit einem im Vergleich zu reinen Benzin- oder Diesel-Pkw etwas kleiner dimensionierten Verbrennungsmotor betrieben, der bei konstanter zügiger Fahrt zum Einsatz kommt, wenn er seine Vorteile im sparsamen Dauerbetrieb ausspielen kann. Bei Stadtfahrten, wenn viel beschleunigt und gebremst wird, steht der Elektromotor im Vordergrund. Als Energiespeicher dienen sowohl der konventionelle Kraftstofftank als auch Batterien, die zum Teil bei Bremsvorgängen (Rekuberationsbremse: Generatorbetrieb des Elektromotors) wieder aufgeladen werden. (Bsp.: Toyota Prius II, Lexus GS 450h, Audi Q7 Hybrid, Porsche Cayenne hybrid, Mercedes ML 450 hybrid).

All diese drei Antriebsvarianten zählen zu den **parallelen Hybridantrieben**, da mehr oder weniger stark wahlweise der Elektro- oder der Verbrennungsmotor zum Einsatz kommen. Anders sieht es beim **seriellen Hybridantrieb** aus, bei dem der Antrieb ständig elektrisch erfolgt. Zwischen dem Verbrennungsmotor und den Rädern besteht keinerlei mechanische Verbindung, stattdessen erzeugt der Hubkolbenmotor über einen Generator Strom und lädt dadurch die Batterie auf. Eine weitere Alternative ist der **Plug-In-Hybrid**, dessen Batterie an einer Steckdose aufgeladen werden kann.

Die beiden bisher erfolgreichsten Hybriden kommen aus Japan. Es handelt sich dabei um den Toyota Prius Hybrid sowie den Honda Civic Hybrid, die beiden Erstplatzierten der Auto-Umweltliste des Verkehrsclubs Deutschland (VCD) von 2006 bis 2009. Bei beiden wurden bislang Nickel-Metallhydrid-Batterien eingesetzt. Im Prius III, der für rund 25.000 Euro erhältlich ist, kommen allerdings Lithium-Ionen-Akkus zur Anwendung. Der darin gespeicherte Strom speist einen 60 kW leistenden Elektromotor, der parallel zum 4-Zylinder-Reihenmotor (1,8 l, 73 kW) eingebaut ist. Beide Antriebe zusammen ermöglichen einen Spritverbrauch von nur 3,9 l auf 100 km bei 92 g CO_2 pro km.

Ein zentrales Bauelement beim Prius ist das Getriebe. Es handelt sich dabei um ein Planetenradgetriebe, bei dem das zentrale Zahnrad (Sonne) mit dem Generator verbunden ist, der Planetenkranz (Steg) mit dem Verbrennungsmotor und das Gehäuse (Hohlrad) mit dem Elektromotor sowie der Antriebsachse. Diese Anordnung erlaubt auch ohne Kupplung eine effiziente, stufenlose Regelung, so dass für den Fahrer kaum merklich ist, ob gerade der Verbrennungs- oder E-Motor für den Vortrieb sorgt.

ABB. 45: HYBRIDMODELL TOYOTA PRIUS II

Quelle: Toyota

Gegenüber dem Toyota Prius ist der Honda Civic Hybrid ein Mild-Hybrid-Modell mit 70-kW-Benzinmotor (Hubraum: 1,3 l) und 15-kW-Elektromotor. Diese Lösung ist technisch etwas einfacher realisierbar und somit auch preislich günstiger (23.000 Euro). Der Energiespareffekt ist dabei ähnlich (4,6 l auf 100 km). Nicht ohne Grund belegten somit in den vergangenen Jahren vornehmlich Japaner die vordersten Plätze bei Auto-Umwelt-Rankings, während insbesondere die deutschen Hersteller das Nachsehen hatten.

Die Verkaufszahlen von Hybridfahrzeugen waren in Europa lange Zeit nicht sonderlich hoch (2004: nahezu Null), während sie in Asien (217.000) und auch in Nord-Amerika (28.000) schon damals durchaus gern gefahren wurden. Mittlerweile werden insbesondere die Prius-Modelle überall gerne gekauft, auch in der zweiten Generation (Gesamtleistung: 83 kW; Verbrauch: 4,3 l Benzin auf 100 km). Toyota produzierte gemeinsam mit seiner Luxustochter Lexus von 1997 bis 2007 über eine Millionen Hybridexemplare, ohne dass Toyota allerdings viel am Prius verdiente. Der moderate Preis war nur dank firmeninternen Zuschüssen realisierbar.

Erst nachdem der Bau dieser Energie sparenden Modelle aus Asien zu einer wahren Erfolgsgeschichte geworden war, besonnen sich auch die europäischen

Automobilkonzerne auf diese Technik und ihre zum Teil schon ziemlich langen Erfahrungen in diesem Marktsegment. Audi hatte das erste Experimentalfahrzeug mit Hybridantrieb bereits im Jahr 1989 präsentiert. Der auf dem Audi 100 Avant quattro basierende Audi duo verfügte damals über einen 2,3-l-5-Zylinder-Benzinmotor für die Vorderachse sowie einen 4-kW-Elektromotor für die Hinterachse. Auf diese Weise konnte ein Allradantrieb ohne Kardanwelle realisiert werden. Die 54 Ni-Ca-Batterien brachten rund 200 kg auf die Waage. Ein Nachfolgemodell kam zwei Jahre später, bevor Audi dann 1997 sein erstes serienreifes Fahrzeug vorstellte (66 kW starker 1,9-l-TDI + 21 kW E-Motor). 500 Modelle sollten davon gebaut werden, aber 50 Exemplare und zwölf Monate später wurde die Produktion eingestellt – weil der Markt noch nicht hybridfähig war, wie es damals hieß.

Mittlerweile hat Audi den Faden wieder aufgenommen und präsentierte Ende 2009 die Studie *A1 e-tron*. Neben einem 75-kW-Elektromotor verfügt dieser über einen Range Extender auf Wankelmotorbasis. 2012 soll dieser Hybridwagen in Kleinserie auf den Markt kommen. Das Ziel in dem zum VW-Konzern gehörenden Unternehmen lautet, *e-tron* ebenso als Markennamen von Audi für E-Mobilität zu etablieren, wie die Bezeichnung *quattro* zum Synonym für den Allradantrieb geworden ist.

Der Mutterkonzern Volkswagen arbeitet offiziell seit 1980 an dieser Technik (z. B. Öko-Golf und Ecomatic Golf) und verfügt über ein seit März 2004 zugelassenes Forschungsfahrzeug: einen Hybrid-Touran. Die Benzinvariante ist ein 1,4-l-Direkteinspritzer (TSI-Motor). Als Elektromotor wurde ein 20 kW starkes Aggregat integriert, das auch als Starter und Generator fungiert. Im Ladebetrieb fließt der produzierte Strom in einen 45 kg schweren Block aus Nickel-Metallhybrid-Akkumulatoren. Im Vergleich zum konventionellen Touran (175 g CO_2-Ausstoß bei 7,4 l Benzin auf 100 km) weist das Hybridmodell über 142 g CO_2-Ausstoß bei 6 l Benzin auf 100 km auf, mit dem feinen Unterschied, dass das Benzinmodell längst kommerziell erhältlich und die Hybridversion erst Ende 2010 dem Versuchsstadium entwachsen ist. 2012 und 2013 sollen der VW Jetta Hybrid und der Passat sowie der Golf Hybrid folgen. Neue Impulse dafür holten sich die VW-Ingenieure aus der Zusammenarbeit mit Audi und Porsche in einem Entwicklungskonsortium.

General Motors, Daimler und BMW gründeten Mitte 2006 eine *Global Hybrid Cooperation*, um ihren technischen Rückstand durch eine konstruktive Zusammenarbeit möglichst rasch wettzumachen, obwohl der technische Vorsprung der Mitbewerber bereits uneinholbar erschien. Jetzt versuchen sie, etwas verspätet mit einem recht komplexen Two-Mode-Getriebe in diesem Marktsegment Fuß zu fassen.

Anfang 2008 verkündete Daimler einen ersten Entwicklungserfolg, bei dem die Integration einer Hochleistungsbatterie in den Klimakreislauf eines Fahrzeugs gelang, so dass der Energiespeicher stets bei optimaler Systemtemperatur (15 bis 35 °C) arbeiten könne, was die Lebensdauer und auch die Leistungsfähigkeit verbessert. Das Leistungsgewicht der Gesamtbatterie liegt bei 1.900 W/l. Zum ersten Serieneinsatz kam die neue Technik in der Luxuslimousine Mercedes-Benz S 400 Hybrid, die Mitte 2009 erschien, bisher aber nur an einen ausgewählten Kundenkreis vergeben wurde. Dieses Modell verfügt über einen V6-Benzinmotor gekoppelt mit einem kompakten Hybridmodul (7,9 l pro 100, 186 g CO_2). Die kombinierte Leistung beträgt 220 kW, das kombinierte maximale Drehmoment 385 Nm.

Probleme bereitet derzeit noch die Batterietechnik. Branchenprimus Toyota hat sich rechtzeitig das Akku-Know-how von Panasonic gesichert, indem er 70 % der Anteile in dem Joint Venture übernahm und somit die Marschrichtung vorgeben kann. Viele andere Batterieanbieter gibt es in dieser Leistungsklasse ansonsten nicht – außer Sanyo. VW versucht daher mit Hilfe von Degussa und der Westfälischen Universität Münster verlorenes Terrain wieder gutzumachen, Daimler hat sich zusammen mit Evonik Industries bei Li-tec Battery eingeklinkt.

6.2 Wasserstoff – Brennstoffzelle

Grundsätzlich muss zunächst unterschieden werden zwischen dem Einsatz von Wasserstoff in konventionellen und in neuartigen Energiewandlern:

Die konventionelle Verbrennung von Wasserstoff in Verbrennungskraftmaschinen erfolgt ähnlich wie bei Benzin- oder Dieselmotoren. Dabei kommen vornehmlich Hubkolbenmotoren in Frage, und nur in Ausnahmefällen wird auch mal ein Kreiskolbenmotor gewählt (s. Kap. 4.5 Wasserstoff – Ottomotor).

Die sehr viel modernere Variante ist die Umsetzung von Wasserstoff in Brennstoffzellen. Diese Technik wurde zwar schon im Jahr 1839 von Sir William Grove erfunden, sie wird aber erst seit etwa 20 Jahren verstärkt erforscht und weiterentwickelt. Mittlerweile gibt es mehrere Dutzend verschiedener Brennstoffzellenautos, aber noch keines, das bereits Serienreife erzielt hätte und vom Normalbürger zu vertretbaren Preisen erworben werden kann.

Die Brennstoffzelle (BZ) ist prädestiniert für die direkte Umwandlung von im Wasserstoff gespeicherter, chemischer Energie. Konventionelle Stromerzeuger benötigen im Gegensatz dazu meist einen dreistufigen, verlustbehafteten Umwandlungsprozess (s. Abb. 46). Darüber hinaus eignen sich auch diverse Kohlenwasserstoffverbindungen (Erdgas, Biogas, Propan usw.) für die Nutzung, entweder in Hochtemperatur-Brennstoffzellen oder in Niedertemperatur-Brennstoffzellen mit vorgeschaltetem Reformer.

Wird Benzin in einem Verbrennungsmotor eingesetzt, wird zuerst die chemisch gespeicherte Energie des Kraftstoffes in der Brennkammer des Hubkolbenmotors freigesetzt. Die dabei abgegebene thermische Energie bewirkt eine Volumenänderung des Kraftstoffgemisches, wodurch Bewegungsenergie erzeugt

ABB. 46: DIREKTE UND INDIREKTE V

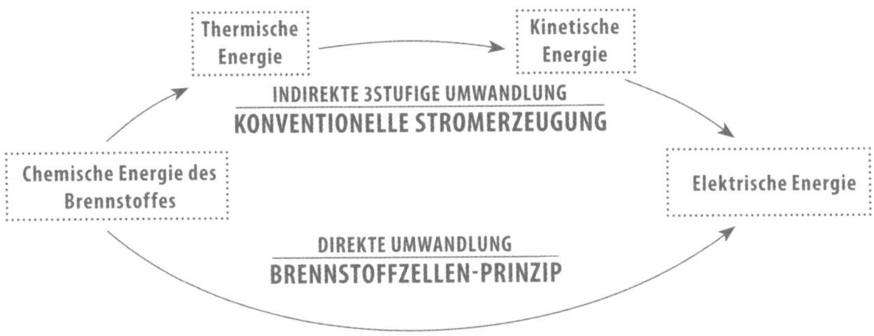

wird. Diese kinetische Energie kann eine Welle antreiben, so dass mit Hilfe eines Generators elektrische Energie erzeugt oder ein Fahrzeug angetrieben wird. Während dieser Prozedur treten an mehreren Stellen Verluste auf. Der Gesamtwirkungsgrad nimmt mit jeder Umwandlung weiter ab.

Eine Brennstoffzelle kann direkt die im Wasserstoff gespeicherte Energie in Strom umwandeln. Verständlicherweise bedeutet dieser kürzere Weg auch einen höheren Wirkungsgrad. Darüber hinaus besitzt die Brennstoffzelle keinerlei bewegliche Teile, so dass keine Reibungsverluste und damit auch kein Verschleiß und kaum Geräusche auftreten.

Das Arbeitsprinzip einer Brennstoffzelle beruht auf der Umkehrung der Elektrolyse. Die Elektrolyse ist die Auftrennung (Spaltung) von Wasser in Wasserstoff und Sauerstoff mit Hilfe von elektrischem Strom. Wird dieser Vorgang umgekehrt, entstehen bei der Vereinigung von Wasserstoff und Sauerstoff elektrischer Strom und Wasser.

TAB. 27: VERGLEICH VERSCHIEDENER BZ-ARTEN

	Kraftstoff	Betriebs-Temp.	Wirkungsgrade*	Elektrolyt-leitfähig für
AFC	H_2	60 – 80 °C	60 – 70 %	Kalilauge
			50 – 55 %	OH^--Ionen
DMFC	CH_2O H Methanol	60 – 100 °C	40 – 50 %	Polymer
			20 – 30 %	H^+-Ionen
PEMFC	H_2	60 – 80 °C	50 – 70 %	Polymer
			40 – 50 %	H^+-Ionen
PAFC	H_2	180– 220 °C	50 – 55 %	Phosphorsäure
			40 – 45 %	H^+-Ionen
MCFC	H_2 (CH_4, Biogas)	650 °C	60 – 70 %	Karbonschmelze
			50 – 60 %	CO_3^{2-}-Ionen
SOFC	H_2 (CH_4)	850 – 1.000 °C	70 – 80 %	Keramik
			50 – 60 %	O^2-Ionen

**oberer Wert: Systemwirkungsgrad mit Wärme-Auskopplung, unterer Wert: elektrischer BZ-Wirkungsgrad*

Es gibt mehrere unterschiedliche Brennstoffzellentypen, die zwar grundsätzlich von der Funktionsweise her ähnlich sind, sich jedoch hinsichtlich des Elektrolytmaterials, der Arbeitstemperatur und der Anwendungsbereiche unterscheiden (s. Tab. 27).

Bei dem in Abbildung 47 dargestellten Schema handelt es sich um eine Polymer-Elektrolyt-Membran-Brennstoffzelle (PEM), auch genannt Protonen-Austausch-Membran-BZ (engl. Proton-Exchange-Membran). Dies ist zurzeit die am weitesten verbreitete Variante und die einzige, die für den dynamischen Einsatz im Pkw-Sektor in Frage kommt. Deswegen wird sie an dieser Stelle exemplarisch für alle anderen beschrieben:

Zum Betrieb einer Brennstoffzelle sind Wasserstoff und Sauerstoff notwendig. Diese beiden Gase werden der Brennstoffzelle getrennt auf der Anoden- beziehungsweise Kathoden-Seite zugeführt und reagieren im Inneren miteinander, ohne dass sie direkt miteinander in Kontakt kommen. Der Sauerstoff wird in

ABB. 47: SCHEMA EINER BRENNSTOFFZELLE

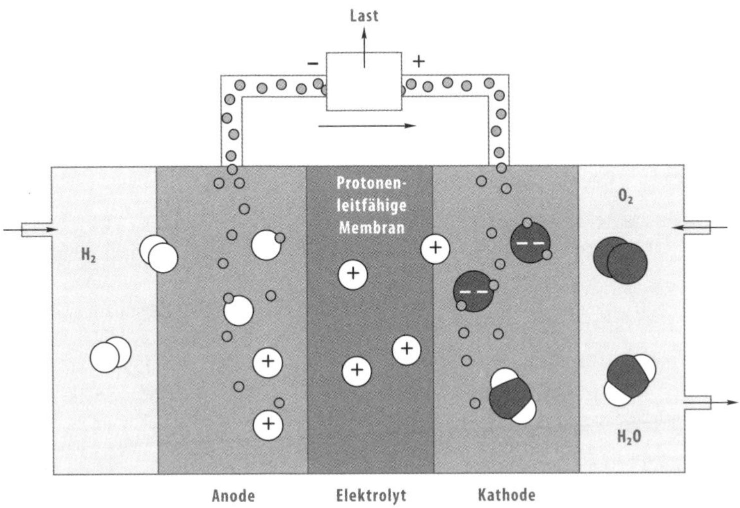

Quelle: Fraunhofer ISE, Freiburg

der Regel der Luft entnommen und ist daher zu 79 Volumenprozenten mit Stickstoff vermischt. Der Wasserstoff kann als reines Gas zugeführt oder durch einen vorgeschalteten Reformer aus einem Kohlenwasserstoff erzeugt werden.

Im Inneren einer Brennstoffzelle befindet sich keine Zündquelle. Stattdessen reagieren Wasserstoff und Sauerstoff indirekt miteinander, da sie durch einen Elektrolyten voneinander getrennt sind. Weil es keine Verbrennung im klassischen Sinne gibt, spricht man bei diesem Vorgang auch von einer *kalten Verbrennung*.

Das Herz einer PEM-Brennstoffzelle besteht aus den zwei Elektroden, der Anode (Pluspol) und der Kathode (Minuspol), die durch eine ionen-durchlässige Polymer-Membran (Elektrolyt) getrennt sind. Dieser Elektrolyt ist etwa 0,1 Millimeter dick und ähnelt einer Folie für Overhead-Projektoren. Die Membran ist gasdicht und auch für Elektronen nicht passierbar. Sie ist somit elektrisch isolierend. Andererseits ist sie jedoch protonen-durchlässig. Wasserstoffionen dürfen also hindurch.

Der an der Anode zugeführte Wasserstoff teilt sich durch die Anwesenheit eines Katalysators in Elektronen (negative Ladungsträger) und Protonen (positive Wasserstoffionen). Zwischen Kathode und Anode besteht somit eine Spannungsdifferenz (Potentialunterschied). Die freien Elektronen werden als elektrischer Strom durch die Elektroden in den äußeren Stromkreislauf geleitet. Schaltet man einen Verbraucher (z. B. einen Elektromotor) in den äußeren Stromkreis zwischen die beiden Elektroden, wird dieser angetrieben. Die Protonen diffundieren durch die Elektrolytmembran zur Kathode. Auf der anderen Seite an der Kathode rekombinieren Sauerstoffionen aus der Luft, die Elektronen aus dem Stromkreislauf sowie die H_2-Protonen und erzeugen unter Wärmeentwicklung Wasser.

Die Niedertemperatur-PEM-Brennstoffzelle kann bei relativ niedrigen Temperaturen (max. 100 °C) betrieben werden. Damit bei diesem Temperaturniveau eine ausreichend hohe Reaktionsgeschwindigkeit sichergestellt werden kann, sind Katalysatoren notwendig. Katalysatoren können chemische Reaktionen ermöglichen beziehungsweise beschleunigen, nehmen selber aber nicht an der Reaktion teil. Die in PEM-Brennstoffzellen verwendeten Katalysatoren (Platin oder Platin-Ruthenium) benötigen eine relativ hohe Brenngasreinheit.

ABB. 48: IN SANDWICH-BAUWEISE AUFGEBAUTER STACK

Bei Niedertemperatur-Brennstoffzellen wird Kohlenmonoxid nur in sehr geringen Mengen toleriert, da es als so genanntes *Katalysatorgift* wirkt. Die Toleranzgrenze liegt bei etwa 10 bis 100 ppm (10 bis 100 CO-Teilchen pro eine Million Wasserstoffteilchen).

Die Endprodukte der elektrochemischen Vorgänge in einer Brennstoffzelle sind Gleichstrom sowie Wasser beziehungsweise Wasserdampf. Jede einzelne Brennstoffzelle erzeugt je nach Bauart unter Last 0,7 Volt, die maximale Spannung liegt etwa bei 1,2 Volt (entspricht einer Leistung von ca. 100 W). Erst viele in Reihe geschaltete Zellen, die gemeinsam als *Stacks* bezeichnet werden, liefern eine ausreichend hohe Leistung für den Betrieb. Ein Stack kann bis zu 200 dicht aneinander liegende Brennstoffzellen enthalten.

Für Brennstoffzellen-Stacks gilt:

- Die Anzahl der Zellen innerhalb des Stacks bestimmt die Spannung.
- Die Größe der Membranfläche bestimmt die Stromstärke.
- Die Größe des Brennstoffzellen-Stacks bestimmt die Leistung.
- Die Größe des Kraftstoffreservoirs bestimmt die Betriebsdauer.

Der Geräuschpegel von Brennstoffzellen ist sehr niedrig, da sie über keinerlei bewegliche Teile verfügen. Lediglich die Nebenaggregate wie Pumpen und Gebläse geben Geräusche von sich. Die Platzierung von BZ-Anlagen in unmittelbarer Nähe zum Verbraucher ist demzufolge kein Problem. Der geringe Anteil bewegter Komponenten hat zudem den Vorteil eines geringen Wartungsbedarfs.

Der maximale elektrische Wirkungsgrad wird je nach BZ-Typ im Bereich zwischen 30 und 50 % der Volllast erreicht. Dies ist besonders positiv bei der Anwendung im Fahrzeugbereich, weil relativ selten im Nennbereich mit hoher

ABB. 49: EIN BZ-STACK – EINE UNSCHEINBARE BLACK BOX

Drehzahl, häufig jedoch im Teillastbereich gefahren wird. Geringe Wirkungsgradeinbußen treten bei der Brennstoffzelle bei niedriger Last auf, weil die relativen Verluste der Nebenaggregate ansteigen.

Der Wirkungsgrad von Brennstoffzellenfahrzeugen vom Tank bis zum Rad liegt für gasförmigen Wasserstoff bei über 40 %. Das bedeutet, dass bereits kleine Brennstoffzellen Wirkungsgrade besitzen, die ansonsten nur für große Kombikraftwerke möglich sind.

Weitere Details zum Themenkomplex Wasserstoff und Brennstoffzellen können in den ebenfalls von Sven Geitmann verfassten Büchern nachgelesen werden (s. Anhang: S. 210 Verlagsprogramm).

6.3 Methanol

Methanol (CH_3OH) wurde früher Methylalkohol oder auch Holzgeist genannt und ist ein Alkohol, der im Vergleich zu Ethanol, das lediglich betrunken macht, giftig ist und blind machen kann. Bereits wenige Milliliter Methanol können zur Erblindung führen. Für die Giftigkeit ist die beim Abbau im menschlichen Körper gebildete Menge von Ameisensäure entscheidend. Häufig wiederholte Aufnahme kleiner Mengen, zum Beispiel bei Einatmung der Dämpfe, verursacht Schleimhautreizungen, Benommenheit, Schwindel, Kopfschmerzen, Krämpfe, Verdauungs- und Blasenstörungen. Der MAK-Wert (max. Arbeitsplatzkonzentration) von Methanol beträgt 200 ml/m^3 beziehungsweise ppm (= 260 mg/m^3).

Einer der Gründe, weswegen Methanol trotzdem immer wieder als alternativer Kraftstoff zur Sprache kommt, ist die mögliche CO_2-neutrale Herstellung von Methanol, da es aus nachwachsenden Rohstoffen gewonnen werden kann. Bei der Anpflanzung von beispielsweise Chinagras und der anschließenden

ABB. 50: METHANOLBETANKUNG DES NECAR 5

Verarbeitung wird auf diesem Wege der Atmosphäre bei der Herstellung die gleiche Menge Kohlendioxid entzogen, wie ihr bei seiner Verbrennung wieder zugeführt wird. Ein geschlossener CO_2-Kreislauf ist damit möglich. Zunächst wird CO_2 aus der Atmosphäre im Methanol gebunden. Dann wird das Methanol durch die Verbrennung wieder in die Bestandteile CO_2 und Wasser zerlegt. Gegenüber der Nutzung von Benzin würde auf diese Weise bei der Verwendung von Methanol der Ausstoß des Treibhausgases Kohlendioxid um 30 % reduziert.

Methanol kann technisch aus jeder Kohlenstoffquelle hergestellt werden. Die Industrie produziert Methanol heute überwiegend aus Erdgas oder durch das Vergasen von Kohle und ist somit nicht an den Primärenergieträger Erdöl gebunden. Methanol ist ein wichtiges chemisches Grundprodukt und wird hauptsächlich zur Herstellung von Formaldehyd verwendet.

Methanol kann direkt in Verbrennungsmotoren verwendet werden oder indirekt als Wasserstofflieferant dienen, um an Bord von Fahrzeugen mit Hilfe eines Reformers Wasserstoff zu erzeugen. Bei der Verwendung in Verbrennungskraftmaschinen müsste lediglich zusätzlich zum Methanol in einem Extrabehälter Wasser mitgeführt werden, das für die Verdampfung benötigt wird.

Reaktion bei 300 °C: $CH_3OH + H_2O = 3\ H_3 + CO_2$

Methanol besitzt einen geringeren Energieinhalt als vergleichsweise Benzin oder Diesel. Der Heizwert ist nur halb so hoch wie der von Benzin. Das heißt, es ist für die gleiche Energiemenge doppelt so viel Methanol notwendig. Im Vergleich zu Benzinmotoren weist ein Methanolmotor jedoch einen höheren Wirkungsgrad und geringere Emissionen auf.

Methanol kann in herkömmlichen Tanks von bereits vorhandenen Tankstellen gespeichert und wie Benzin getankt werden. Die Infrastruktur muss daher kaum geändert werden. Die konventionelle Tank-, Lager- und Transport-Technik kann weiterhin genutzt werden.

Eines der Hauptprobleme von Methanol ist jedoch seine Wasserlöslichkeit. Sobald der Kraftstoff beispielsweise durch unvorsichtige Handhabung vergossen wird, sickert er in den Boden und vermischt sich dort mit Wasser. Das Grundwasser wird dadurch verseucht und kann nur mit erheblichem Aufwand wieder gereinigt werden. Solange dieses Problem nicht zufrieden stellend gelöst worden ist, erscheint Methanol für den großflächigen Einsatz als Fahrzeugkraftstoff ungeeignet. Hinzu kommen Akzeptanzprobleme in einigen Regionen der Welt, die die Einführung von Methanol als Kraftstoff erschweren. Mitte des 20. Jahrhunderts gab es beispielsweise im asiatischen Raum (u. a. Japan) zahlreiche gesundheitliche Probleme in der Bevölkerung wegen des unsachgemäßen Genusses von Methanol.

Bis kurz nach der Jahrtausendwende galt Methanol als Hoffnungsträger für die Brennstoffzellentechnik. Insbesondere im Kfz-Sektor wurde jahrelang von einigen Automobilkonzernen (z. B. Daimler und General Motors) viel Geld in die Entwicklung von methanolbetriebenen BZ-Fahrzeugen gesteckt. Als sich jedoch die Indizien häuften, dass die oben genannten Probleme nicht in den Griff zu kriegen sein würden, verabschiedete sich einer nach dem anderen wieder von dieser Technik.

Eine umfassende Studie von General Motors ergab damals, dass auf Methanol basierende Brennstoffzellenfahrzeuge den Diesel- und Benzin-Verbrennungsmotoren sowie BZ-Fahrzeugen mit Benzin-Reformersystem nicht überlegen sind. [GM, 2002]

Heute arbeitet kein Automobilunternehmen mehr an methanolbetriebenen Brennstoffzellenfahrzeugen. Dafür sind aber kleinere Systeme für die Bordenergieversorgung von Fahrzeugen im Kommen. Insbesondere für den Camping-Sektor gibt es Direktmethanol-Brennstoffzellensysteme, die für luxuriöse Reisemobile erworben werden können und eine zuverlässige Stromversorgung unabhängig von Stromnetzen oder lauten Dieselaggregaten ermöglichen.

7 ENERGIE SPAREN

Quelle: Fotolia, Direkthier

7 ENERGIE SPAREN

„Die Mehrheit der Bundesbürger weiß, dass jeder zum Klimaschutz beitragen kann. Nur wenigen allerdings ist bewusst, dass auch Energie sparen dem Klimaschutz dient."

So lautet das Ergebnis einer von der Deutschen Energie-Agentur GmbH (dena) beim Meinungsforschungsinstitut Forsa in Auftrag gegebenen Umfrage von 2002. Bei der Befragung, was die Personen mit dem Begriff *Klimaschutz* verbänden, nannten nur 9 % die Möglichkeit, Energie zu sparen. Lediglich das Vermeiden von Autoabgasen ist als Maßnahme für den Klimaschutz in der Breite bekannt.

Diese Umfrage zeigt, dass die Mehrheit der Bevölkerung vornehmlich Industrieunternehmen und Politiker als maßgebliche Akteure in Sachen Klimaschutz sieht. Der eigene Einfluss wird dagegen wesentlich geringer eingestuft. Dabei gibt es heutzutage zahlreiche Möglichkeiten und Techniken, mit denen ohne großen Aufwand viel Energie eingespart werden kann.

ABB. 51: SPARSAM UND SAUBER – HERAUS KOMMT NUR WASSERDAMPF

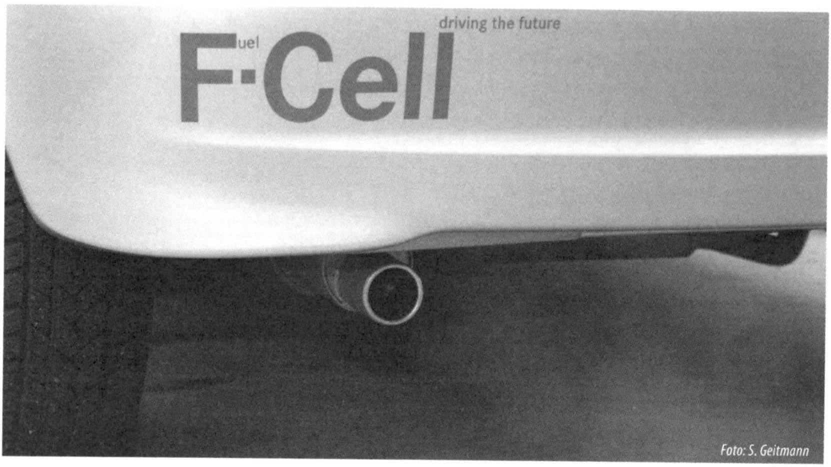

Foto: S. Geitmann

Klimaschutz ist mittlerweile ein viel diskutiertes Thema in Deutschland, und trotzdem wird nur selten angesprochen, was jeder Einzelne konkret leisten kann. Bereits durch wenige Energiesparmaßnahmen kann eine vierköpfige Familie ihre CO_2-Emissionen durchschnittlich um ein Drittel senken.

Energie sparen im Fahrzeugbereich:

- Sparsame Autos anschaffen. Bereits beim Kauf auf den Spritverbrauch achten.
- Fahrzeuggewicht durch Ausladen unnötigen Ballasts reduzieren (Faustregel: 100 kg Mehrgewicht kosten 0,5 l mehr Kraftstoff).
- Dachgepäckträger abbauen und somit den Windwiderstand reduzieren.
- Neue, geräuscharme Reifen mit reduziertem Rollwiderstand verwenden: Breit- und Winterreifen erhöhen den Verbrauch. Leicht erhöhter Luftdruck in den Reifen reduziert den Verbrauch (Mindestens zulässiger Luftdruck bei vollbeladenem Fahrzeug).
- Kurzstreckenfahrten und Warmlaufenlassen vermeiden.
- Synthetische Leichtlauföle verwenden und somit den innermotorischen Widerstand und den Motorverschleiß reduzieren.
- Im unteren Drehzahlbereich fahren.
- Gangwechsel so früh wie möglich vornehmen (spätestens bei 2.000 Umdrehungen pro Minute).
- nach 5 Metern → 2. Gang
- bei 25 bis 30 km/h → 3. Gang
- bei 40 km/h → 4. Gang
- bei 50 km/h → 5. Gang
- Unnötige Beschleunigungs- und Bremsvorgänge vermeiden: vorausschauend fahren, großzügigen Sicherheitsabstand einhalten.
- Höchstgeschwindigkeitsfahrten vermeiden: Bei Maximal-Geschwindigkeit ist der Verbrauch doppelt so hoch wie bei ¾ des maximalen Tempos.
- Auf Betrieb überflüssiger Nebenaggregate verzichten: Die Klimaanlage erhöht den Verbrauch um bis zu 1,8 l pro 100 km. Je stärker die Lichtmaschine belastet wird, desto höher ist der Fahrzeugverbrauch.
- Motor ausstellen, sobald absehbar ist, dass die Standzeit länger als 10 Sekunden dauert.
- Beim Starten kein Gas geben.

8 FAZIT

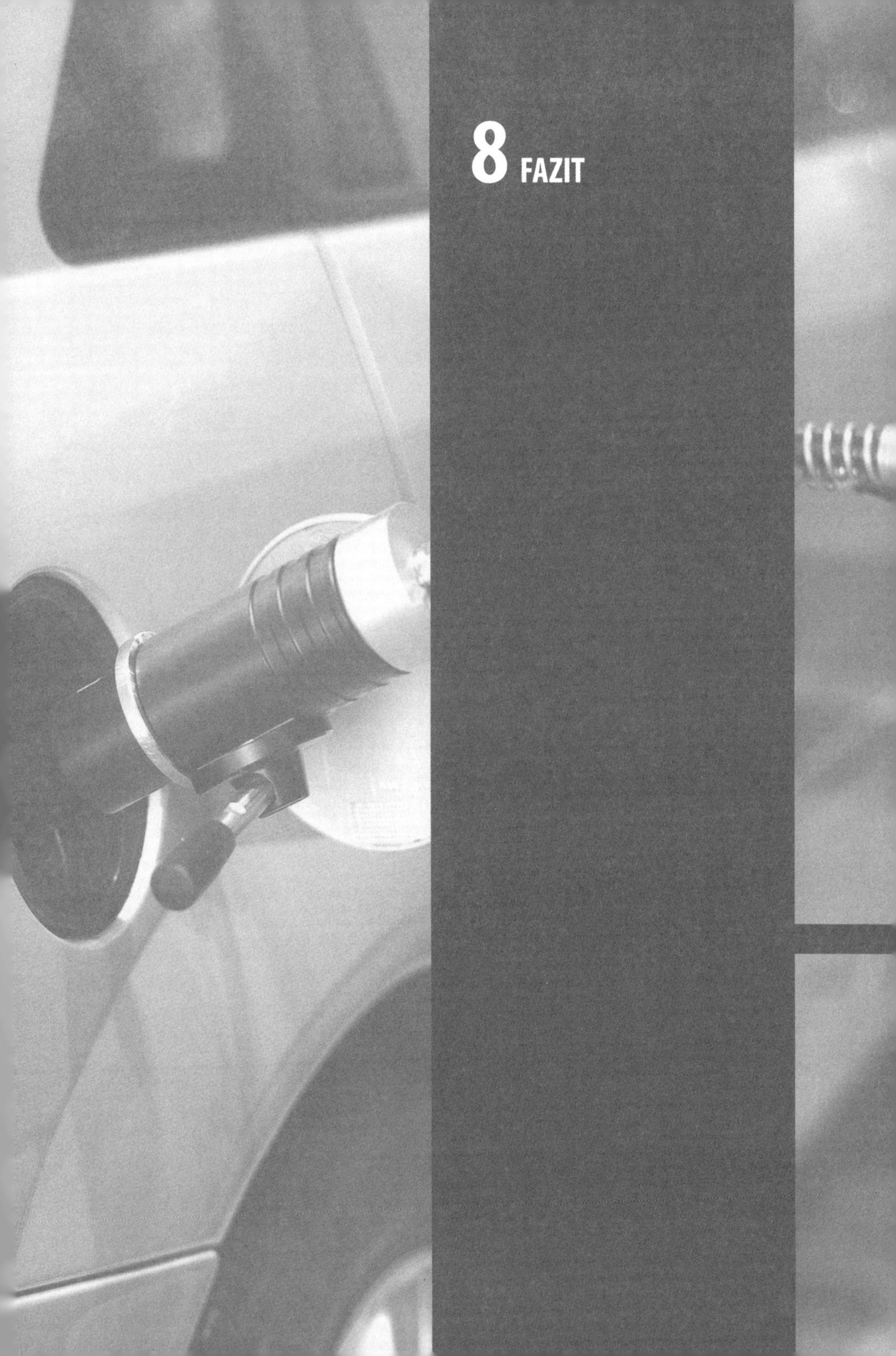

8 ZUSAMMENFASSUNG

Im Energiesektor ist seit geraumer Zeit eine Umorientierung festzustellen: weg von fossilen Energieträgern, hin zu erneuerbaren Energien und alternativen Kraftstoffen. Eine komplette Neuausrichtung findet allerdings nicht von heut auf morgen statten. Sie ist vielmehr ein langwieriger Prozess, der sich über Jahrzehnte erstrecken kann. Dies wird allein schon durch die immer wieder aufs Neue aufflammenden und teilweise sehr vehement geführten Diskussionen über die Biokraftstoffbeimischung, die Feinstaubproblematik sowie die Ölpreisentwicklung deutlich.

Der Anteil erneuerbarer Energieträger und alternativer Antriebstechniken nimmt zwar stetig zu. Diese Entwicklung darf aber nicht darüber hinwegtäuschen, dass nach wie vor noch sehr viel Geld in die konventionelle Energietechnik (Kohle- und Kernkraftwerke) investiert und Mineralöl noch auf viele Jahre hinweg der wichtigste Energieträger für den Kfz-Sektor bleiben wird. Auch wenn alternative Antriebstechnik derzeit im Kommen ist, bildet sie nach wie vor nur einen Nischenmarkt. Die weltweite Transportbranche wird auch zukünftig vom schwarzen Gold angetrieben. Der beste Beleg dafür ist, dass der Großteil der Bevölkerung zwar moserte, aber sein Fahrverhalten trotz zwischenzeitlicher Rekordpreise an den Zapfsäulen nicht grundlegend änderte. Es werden weiterhin großvolumige Geländewagen gekauft und im städtischen Kurzstreckeneinsatz gefahren. Ein Umdenkprozess findet kaum statt. Ein Wechsel auf öffentliche Verkehrsmittel oder sparsamere Fahrzeuge wird nur selten – zu selten – in Erwägung gezogen.

Dabei hat sich im Bereich alternativer Antriebstechnik in den vergangenen Jahren eine Menge getan. Insbesondere die Gasfahrzeuge sind dem Versuchsstadium mittlerweile entwachsen und können sich mit konventioneller Technik messen lassen. War die Technik bei Erdgas- und Flüssiggasautos Anfang des Jahrtausends noch störanfällig und wegen des dünnen Tankstellennetzes nur bedingt einsetzbar, so bietet sie mittlerweile eine hohe Zuverlässigkeit und eine akzeptable Infrastruktur. Dennoch ist die Wechselwilligkeit der Verbraucher begrenzt – als wenn die Spritpreise für Benzin und Diesel im Sommer 2008 noch nicht hoch genug gewesen wären.

Bei einer näheren Betrachtung von Erdgas und Flüssiggas muss berücksichtigt werden, dass diese nach wie vor fossile Brennstoffe sind, die im Kraftfahrzeugsektor zwar als Übergangslösungen durchaus geeignet sind, die aber langfristig ebenso substituiert werden sollten wie die fossilen Brennstoffe auf Mineralölbasis. Im direkten Vergleich zu mineralölischen Kraftstoffen (Benzin, Diesel) verfügen beide Varianten zwar über deutliche Umweltvorteile, weshalb ihr Einssatz derzeit durchaus sinnvoll ist. Das erklärte Ziel sollte aber bleiben, mittel- und langfristig von Erdgas auf Biogas beziehungsweise synthetische Kraftstoffe (Biokraftstoffe der zweiten Generation) umzusatteln, um damit umweltbewusst fahren zu können. Natürlich ist es sinnvoller, Flüssiggas, das als Nebenprodukt bei der Ölförderung anfällt, zunächst in Fahrzeugen zu nutzen, anstatt es einfach abzufackeln. Auf lange Sicht können aber auch LPG-Fahrzeuge nicht die alleinige Lösung sein.

Bei der Autogasverbreitung konnte Deutschland in den vergangenen Jahren seinen Rückstand im europäischen Vergleich verringern. Gegenüber Erdgas konnte Flüssiggas erheblich punkten, so dass die LPG-Technik innerhalb der Bundesrepublik nunmehr deutlich im Vorteil ist – sowohl hinsichtlich der Tankstellendichte als auch hinsichtlich der Zulassungszahlen. Gründe dafür sind das niedrigere Druckniveau, die damit verbundenen geringeren Umrüst- und Tankstellenkosten sowie die steuerliche Gleichstellung mit Erdgas. Das größte bisherige Manko beider Gaskraftstoffe, deren mangelhafte Infrastruktur, konnte mittlerweile zumindest teilweise behoben werden, so dass insbesondere für Flüssiggas mit 5.500 Tankstellen eine ausreichende Versorgungsdichte gegeben ist.

Die Biokraftstoffe erfuhren demgegenüber in den vergangenen Jahren ein stetiges Auf und ab. Ihr Renommee ist beim Endverbraucher mittlerweile etwas angeschlagen. Dies betrifft insbesondere Pflanzenöle, aber auch Bioethanol und Biodiesel, die ebenfalls einen Anteil zu einer nachhaltigen Energieversorgung beitragen können. Ihre Verbreitung ist noch nicht so stark ausgeprägt, wie es bei den gasförmigen Kraftstoffen der Fall ist. Rapsöl hat den Sprung aus der Bastelnische auf den Markt immer noch nicht geschafft. Ethanol befindet sich in der Bundesrepublik gerade erst am Anfang der Markteinführung und die Biodieselindustrie steht derzeit kurz vor dem Aus.

Zwischenzeitlich sah es so aus, als wenn der Anteil von Biodiesel und Rapsöl in Deutschland deutlich ansteigen könnte, da eine Zeit lang der Bioenergie ein sehr großes Potential im Kfz-Bereich bescheinigt wurde. Ihr besonderer Charme liegt darin, dass es sich bei der gesamten Bandbreite der biogenen Kraftstoffe um gespeicherte Sonnenenergie handelt. Im Hinblick auf die Kohlendioxidbilanz gilt Bioenergie somit weitestgehend als neutral, weil der CO_2-Kreislauf innerhalb überschaubarer Zyklen (einige Monate oder Jahre) wieder geschlossen wird.

Der Anteil von biogenen Kraftstoffen der ersten Generation am Gesamtkraftstoffverbrauch hat daher in den vergangenen Jahren zunächst kontinuierlich zugenommen. Dies lag auch mit daran, dass die Europäische Union eine allmähliche Substitution mineralölischer Kraftstoffe anstrebt und deswegen ihren Einsatz unterstützt. Die Beimischungen von Rapsmethylester zu normalem Dieselkraftstoff sowie die Zumischung von Bioethanol zu Ottokraftstoffen haben daher zugenommen. Viele Unternehmen investierten deswegen in Biodiesel, da für den Einsatz im Pkw kaum Umbaumaßnahmen an den Fahrzeugen notwendig sind.

Die Erhöhung des Steuersatzes Anfang 2008 setzte dann jedoch etlichen deutschen Ölmühlen und Biodieselhändlern arg zu. Hinzu kam, dass sich bereits 2007 die politische Stimmung wandelte. Die Ölpreise stiegen weltweit rapide an. Die damit verbundenen höheren Transportkosten bewirkten zusammen mit einer deutlich höheren Nachfrage nach Reis und Mais eine drastische Lebensmittelpreissteigerung. Dies hatte zur Folge, dass auf einmal weltweit eine Diskussion angeregt wurde, ob es ethisch zu vertreten ist, Bioprodukte, die ursprünglich für die Lebensmittelversorgung angebaut wurden, als Kraftstoff einzusetzen.

Es hieß, insbesondere die gesteigerte Nachfrage nach Biokraftstoffen ließe die Preise vieler Lebensmittel ansteigen. Dem widersprachen natürlich die Biokraftstoffbefürworter, die argumentierten, es stünden ausreichende Flächen zum Anbau sowohl von Energiepflanzen als auch von Lebensmitteln zur Verfügung. Da Raps ohnehin nicht als Monokultur bewirtschaftet werden könne, müsse er in Fruchtfolge mit anderen Nutzpflanzen angebaut werden, so dass keine Benachteiligung entstehen würde. Außerdem erlaubten verbesserte und nachhaltige Anbaumethoden eine beträchtliche Ertragssteigerung, weshalb für beide Zwecke – Kraftstoffeinsatz und Lebensmittelnutzung – ausreichende Mengen erzeugt werden könnten. Etwaige Preissteigerungen seien somit nicht nur auf den gestiegenen Bedarf nach Biokraftstoffen zurückzuführen.

Nur zwei Prozent der weltweiten Ackerfläche wird für Energiepflanzen genutzt. In der EU ist im Jahr 2007 nur 1,2 Prozent der Getreideernte (254 Mio. t) zu Ethanol verarbeitet worden. Der Anbau von Energiepflanzen kann somit nicht allein zu einer derart drastischen Getreideverknappung verbunden mit einer überdurchschnittlichen Lebensmittelverteuerung geführt haben. Eine gewisse Konkurrenzsituation zwischen Nahrungs- und Energiepflanzen ist zwar durchaus gegeben, aber andere Faktoren spielen bei der Lebensmittelverteuerung ebenfalls eine große Rolle. Dazu zählt beispielsweise das geänderte Konsumverhalten in den bevölkerungsstarken Ländern China und Indien, die von ehemals überwiegend vegetarischer Kost vermehrt auf Fleisch und Milchprodukte wechseln. Um ein Kilogramm Fleisch zu erhalten, sind acht Kilogramm Getreide notwendig. Hinzu kamen Dürren und Missernten in Australien, in der Ukraine, in Kanada und in Großbritannien, die die Lage noch verschärften.

Internationale Hilfswerke, UN-Organisationen, der Internationale Währungsfonds (IWF) und auch die Weltbank schlugen indes Alarm: Anfang 2008 kletterten die Nahrungsmittelpreise steil bergauf. Die weltweiten Vorräte an Mais, Reis und Weizen schwanden weitgehend dahin. Die Anzeichen einer Hungerkatastrophe mehrten sich. Erste Hungeraufstände in Nigeria, Indien, Ägypten und Haiti waren die Folge. In Mexiko war es bereits Anfang 2007 zu Unruhen bekommen, weil wegen der großen Bioethanolnachfrage in den USA die mexikanischen Tortillapreise in die Höhe geschnellt waren. Mais, der in Mexiko für die Tortillas benötigt wurde, erbrachte plötzlich auf dem Ethanolmarkt in den USA höhere Gewinne. Der Verband der deutschen Bioethanolwirtschaft LAB erklärte jedoch, dass die US-amerikanische Ethanolproduktion zu keiner Maisverknappung geführt habe. Die um 64 Mio. Tonnen gestiegene Maisernte in den USA habe vielmehr den Verbrauch von 58 Mio. Tonnen Mais für die dortige Ethanolerzeugung mehr als ausgeglichen.

Diese gesamte Debatte über den gesteigerten Bedarf an Biokraftstoffen beeinträchtigte das zuvor grüne Image der Bioenergiebranche und brachte einige Politiker zum Umdenken. Die in der Bundesrepublik anvisierte weitere Anhebung des biogenen Anteils in Benzin und Diesel wurde eingefroren. Als offizieller Grund wurde genannt, dass insbesondere alte Fahrzeuge keine Beimischung von 10 % Ethanol vertrügen.

Seitdem werden die Biokraftstoffe der ersten Generation äußerst kritisch betrachtet. Deren Absatzzahlen verschlechtern sich ohnehin schon seit 2007, weil die Steuererhöhungen von 2008 und 2009 für reine Biokraftstoffe deren Preisvorteil gegenüber den konventionellen Kraftstoffen fast zunichte gemacht haben.

Neue Hoffnungen werden nun auf die seit 2010 geforderten Nachhaltigkeitsnachweise sowie die zweite Generation der biogenen Kraftstoffe gesetzt, da diese im Labor nach den eigenen Vorstellungen chemisch aufbereitet werden können, so dass von der Autotechnik keine weiteren Probleme zu erwarten sind. Außerdem können diese synthetischen Energieträger aus Biomasse und/oder Gasen hergestellt werden, ohne dass es zu einer Konkurrenzsituation mit der Lebensmittelwirtschaft kommt.

Als weitere Alternative zu Benzin und Diesel versucht sich derzeit die solare Wasserstoffwirtschaft zu platzieren. Dass dem Wasserstoff in den kommenden Jahren eine zunehmende Bedeutung beigemessen werden muss, wird mittlerweile kaum noch bezweifelt. Die Frage ist jedoch, ob es auch tatsächlich zur Etablierung einer gesamten Wasserstoffwirtschaft kommen wird. Dabei käme der Sonne eine zentrale Bedeutung zu. Hinter dem Begriff der *solaren Wasserstoffwirtschaft* verbirgt sich nämlich die Idee, dass die Sonnenenergie nicht nur genutzt wird, um über Photovoltaik Strom oder über Solarthermie Wärme zu erzeugen. Der eigentliche Ansatz ist vielmehr, die Sonnenenergie zur Herstellung von Wasserstoff zu verwenden.

Zukünftig könnte es dann so aussehen, dass nichtfossile Primärenergie (Sonnenenergie) zunächst in Sekundärenergie (Wärme oder Strom) umgewandelt wird. Mithilfe dieser Nutzenergie könnte Wasserstoff (über Erwärmung oder Elektrolyse) erzeugt werden. Wasserstoff stünde dann als Sekundärenergieträger zur Verfügung, der entweder direkt genutzt oder auch in Fahrzeugen als Treibstoff verwendet werden kann. Da bei seiner Verbrennung (fast) nur Wasser entsteht, treten kaum Umweltprobleme auf. Das Reizvolle an dieser Idee ist, dass Sonnenenergie (nahezu) unbegrenzt vorhanden ist. Wasserstoff wäre in diesem Zusammenhang der Energiespeicher, der Sonnenenergie transportfähig macht.

Bis diese Vision tatsächlich Realität wird, muss allerdings zunächst noch auf Wasserstoff aus der chemischen Industrie beziehungsweise aus Erdgasreformierung zurückgegriffen werden. Erste auf diese Weise versorgte Wasserstofftankstellen gibt es bereits, auch wenn es sich dabei vorerst um Versuchsanlagen handelt und die Anzahl der dort tankenden Fahrzeuge sehr niedrig ist. Mittlerweile sind jedoch alle großen Automobilkonzerne damit beschäftigt, Wasserstoffautos zu entwickeln.

In diesem Zusammenhang kommt der Brennstoffzelle als Energiewandler der Zukunft in den nächsten Jahren eine maßgebliche Rolle zu. In Verbindung mit einem Elektromotor bildet sie das Antriebssystem von morgen. Sie kann mit dazu beitragen, die unbedingt notwendige Effizienzsteigerung beim Energieverbrauch zu gewährleisten. Eine weitere Option sind wasserstoffbetriebene Verbrennungsmotoren, die ebenfalls für eine sauberere und effizientere Mobilität sorgen können.

Während jedoch Brennstoffzellentechnik und Wasserstoffautos noch Zukunftsmusik sind, können Hybridfahrzeuge schon heute für eine Verbesserung der Umweltbilanz sorgen. Sie fahren zwar weiterhin teilweise mit fossilen Kraftstoffen, aber dafür können sie zu einer Effizienzsteigerung beitragen. Allerdings ist die Angebotspalette an Hybridmodellen bisher sehr bescheiden. Die Nachfrage nach neuen Modellen ist aber vorhanden, so dass die Automobilkonzerne bereits darauf reagiert haben und in den nächsten Jahren verstärkt Hybridfahrzeuge anbieten werden.

Reine Elektrofahrzeuge, die bezahlbar wären und ausreichende Reichweiten bieten, sind derzeit noch nicht in Sicht, bilden aber eine gute Option als mittelfristige Lösung. Zunächst wird zwar der Strom für deren Betrieb aus Kohle- oder Gaskraftwerken stammen, es wird aber bereits an Konzepten gearbeitet, um Überkapazitäten aus der Erneuerbare-Energien-Branche nutzbar machen zu können. Das Ziel lautet, gänzlich emissionsfrei mit Ökostrom aus Windkraftanlagen Auto fahren zu können.

Nach dem aktuellen Entwicklungsstand wird diese Option nur für den innerstädtischen Verkehr beziehungsweise für Berufspendler in Frage kommen, da die Reichweite von Batteriefahrzeugen auf 100 bis 150 km limitiert ist. Für Überland- und Autobahnfahrten könnte dann aber ein Range Extender bestehend aus einem kleinen Verbrennungsmotor oder einer Brennstoffzelle einspringen, um darüber die Fahrstrecke zu vergrößern.

Es stellt sich somit die Frage, welche dieser Antriebstechniken zukünftig für die Fortbewegung der Menschheit sorgen wird. Die Antwort lautet:

Alle – im Mix

Die eine oder andere Option wird sich vielleicht als Holzweg herausstellen und eventuell wieder von der Bildfläche verschwinden, aber zumindest in Nischenmärkten haben alle Kraftstoffe realistische Chancen, einen maßgeblichen Anteil an einer nachhaltigen Mobilität beisteuern zu können. Eine allein glücklich machende Lösung wird es nicht geben.

Die Entscheidung wird daher nicht lauten:
Entweder Autogas oder Wasserstoff.

Sondern es wird heißen:
Sowohl als auch.

Der Endkunde muss sich letztlich entscheiden, welches Antriebskonzept für ihn individuell am besten geeignet ist. Bei dieser Wahl spielen mehrere Aspekte eine wichtige Rolle:

- Wie viel Zuladung soll möglich sein?
- Wie groß soll die Reichweite sein?
- Wie ist die Betankungsmöglichkeit vor Ort?
- Welches Motorenkonzept wird bevorzugt?
- Welche Finanzierungs- und Förderungsmöglichkeiten gibt es?

Der ADAC präsentierte als Orientierungshilfe bei der Beantwortung dieser Fragen 2008 die Ergebnisse eines sechsmonatigen Dauertests, bei dem verschiedene Antriebskonzepte miteinander verglichen wurden. Der Automobil-Club stellte dabei fest, dass die serienmäßig angebotenen alternativen Antriebe schon heute ernst zu nehmende Alternativen zu konventionellen Dieseln und Benzinern darstellen, aber noch ihre Tücken haben.

Konkret hieß es: Der Vollhybridantrieb verfügt bei der Eindämmung des CO_2-Ausstoßes über die größten Potentiale. Unter Kostenaspekten ist hingegen Erdgas am günstigsten. Die bessere Infrastruktur weist jedoch Flüssiggas auf. Generell müssen je nach Konzept gewisse Einschränkungen in Komfort, Leistung oder Reichweite in Kauf genommen werden, so dass der Endkunde je nach individuellem Einsatzgebiet genau abwägen muss, welcher Variante er den Vorzug geben möchte.

Dass tatsächlich noch viel Potential in der alternativen Antriebstechnik steckt, beweisen die Automessen, auf denen viele verheißungsvolle Mischungen innovativer Techniken präsentiert werden. So stellten Kia und Hyundai beispielsweise Autogas-Hybride vor, also LPG-betriebene Hybrid-Fahrzeuge.

Der zentrale Punkt bei all diesen Entwicklungen ist die weiter gehende Wirkungsgradanhebung, die längst überfällig ist. Weltweit liegt die Effizienz bei der Energieausbeute ungefähr bei 10 %, in Deutschland bei 30 %. Diese Werte müssen in den nächsten Jahrzehnten deutlich angehoben werden, weil ansonsten mit dem zunehmenden Bevölkerungswachstum und der steigenden Mobilität ernst zu nehmende Probleme bei der Energieversorgung auftreten werden.

Unabhängig von der Diskussion über die begrenzte zeitliche Verfügbarkeit fossiler Energieträger ist deswegen ein Wechsel zu effizienteren, alternativen Energieträgern auf jeden Fall sinnvoll. Dies bestätigt nicht nur der Blick auf den Ölpreis. Man könnte somit sagen:

Die Mineralölära ist aus umweltpolitischer Sicht abgelaufen.

Die Ära der alternativen Kraftstoffe hat begonnen.

9 ANHANG

9 ANHANG

9.1 Erfahrungen

9.1.1 Fahrbericht Rapsöl

Rapsöl verhilft zu einem ruhigen Gewissen

Eigentlich sollte an dieser Stelle ein ausführlicher Fahrbericht über saubere Tatsachen im täglichen Umgang mit einem Rapsölauto folgen. Leider hat aber die Technik nicht mitgespielt. Allerdings versagte die konventionelle Motorentechnik, nicht die Rapsöltechnik.

Was ist geschehen?

Durch glückliche Umstände war ich in die erfreuliche Situation versetzt worden, zeitlich befristet einen auf Pflanzenöl umgerüsteten Pkw fahren zu dürfen. Es handelte sich dabei um einen Golf III Diesel, der bereits 85.000 Kilometer problemlos von privater Hand mit Rapsöl gefahren worden war.

Nachdem mit der Überführung auch alle fahrzeugspezifischen Einzelheiten geklärt worden waren, machte ich mich unverzüglich an die Ummeldung des Autos. Dabei wurde relativ schnell deutlich, dass trotz der umweltfreundlichen Betriebsmöglichkeit keinerlei Vergünstigung – weder vom Finanzamt noch von der Versicherung – kommen würde. Die Besteuerung von Dieselfahrzeugen ist – wie allseits bekannt – nicht unerheblich, und den Versicherer interessiert die gewählte Kraftstoffart herzlich wenig, so dass ein ganz normaler Zweitwagentarif fällig wurde.

Dies schmerzte zum Glück nicht ganz so sehr, da äußerst günstige Literpreise für Rapsöl winkten. Ich machte mich daher kundig und suchte nach Möglichkeiten, billig tanken zu können.

Da ein öffentliches Tankstellennetz für Rapsöl quasi nicht existiert, gilt die Devise: *Selbst ist der Mann (oder die Frau).* Zur Wahl stehen halboffizielle Betankungsmöglichkeiten in der Region, wo bei Rapsölumrüstern Fahrzeugtank sowie Reservekanister befüllt werden können, wenn denn grad jemand zu Hause beziehungsweise in der Werkstatt ist. Die Alternative dazu ist die Installation einer eigenen Rapsölhaustankstelle.

Da Variante 1 jedes Mal einen zeitintensiven Ausflug über mindestens 70 km bedeutet hätte, war die Entscheidung schnell zu Gunsten der 2. Variante gefallen. Der Grundgedanke dabei war ganz einfach: Anfängliche Investitionen in eine eigene Befüllvorrichtung würden sich bereits nach einigen hundert Kilometern amortisieren. Gedacht – getan.

Über das World Wide Web ließ sich problemlos eine handliche Elektropumpe inklusive zweier Schläuche sowie einer Zapfpistole bestellen (Fördermenge: 35 l pro Min.). Nach einiger Recherche war auch bald eine Ölmühle in der Region ausfindig gemacht, die 1.000 l Rapsöl sowie einen entsprechenden Tank auf einer Euro-Palette anliefern konnte. Für die Inbetriebnahme der hauseigenen Tankstelle waren somit lediglich ein Stromanschluss notwendig sowie ein Stellplatz für die Gitterbox (B: 1,0 m, T: 1,2 m, H: 1,2 m). Die Kosten für dieses Vorhaben summierten sich allerdings mittlerweile:

- 125 Euro für die Elektropumpe mit Schläuchen und Zapfpistole inkl. Versand
- 75 Euro für den 1.000-l-Plastiktank in einer Gitterbox
- 120 Euro für die Anlieferung über 100 km einfache Strecke
- 600 Euro für 1.000 l Rapsöl (0,56 Euro/l plus 7% MwSt.)

Ich war jedoch guter Dinge, dass ich diese Kosten schnell wieder drin hätte, da die Dieselkosten (damals noch bei 1,03 Euro/l) immerhin 40 Cent über den Rapsölkosten lagen.

Der Alltag:

Nachdem die Vorarbeiten so weit abgeschlossen waren und die Befüllvorrichtung auch tatsächlich ihre Aufgabe erfüllte, folgte kurze Zeit später der Alltag mit seinen Freuden und Problemchen. Dazu zählte beispielsweise die Tatsache, dass spontane Aktionen – speziell im Winter – schwierig sind. Bei Temperaturen von –10 °C muss der Golf nämlich mit der elektrischen Vorheizung zunächst etwas auf Trab gebracht werden (1 Std. heizen). Amüsant war das Interesse der regionalen Zeitung, die mir und meiner Antriebsvariante sofort einen ausführlichen Bericht widmete.

Unverhofft kommt oft:
Darüber hinaus hatte ich einkalkuliert, dass es vielleicht doch die einen oder anderen Startprobleme geben könnte oder dass die Rapsöltechnik versagen würde. Aber nichts dergleichen – stattdessen versagte die konventionelle Motorentechnik. Während einer Autobahnfahrt machte es *Rumms* und der Motor stand still. Es folgte eine Abschleppaktion sondergleichen mit anschließender Fehlerdiagnose. Wie sich später herausstellte, hatte sich eine Schraube der Riemenscheibe gelöst, wodurch der Zahnriemen abgesprungen war und der Zylinderkopf ruiniert wurde.

Und das war dann auch schon das Ende des Rapsöl-Selbstversuches. Die vielen hundert Liter Rapsöl habe ich mittlerweile abpumpen lassen, nachdem ich meinen Speiseölvorrat noch rechtzeitig aufgefrischt hatte. Abschließend stellte ich mir die Frage, was ich selbst aus diesem Vorhaben gelernt habe.

Gutes Fahrgefühl:
Auf jeden Fall kann ich mitteilen, dass das Fahren mit Rapsöl zu einer enormen Gewissensberuhigung beiträgt. Es ist so, als ob man in Gedanken dauernd mit einem kleinen Lächeln durch die Gegend fährt. Man fühlt sich gut, weil meinetwegen keine Erdölreserven dezimiert werden müssen und außerdem deutlich weniger Schadstoffe emittiert werden. Es ist ein schönes Fahrgefühl, was ich auch jedem anderen Autofahrer gönne. Sollte ich tatsächlich in nächster Zeit ein neues Fahrzeug erwerben, kann es gut sein, dass ich den Tank, der immer noch vor der Tür steht, wieder auffüllen lasse.

Nachtrag:
Die öffentliche Debatte um Biokraftstoffe, die Tortillakrise und einige persönliche Gespräche mit Wissenschaftlern, Politikern und Landwirten haben mich mittlerweile etwas nachdenklicher gestimmt. Inzwischen halte ich Rapsöl & Co. nur noch dann als gangbare Lösung, wenn sie nachgewiesenermaßen nachhaltig erzeugt wurden. Biokraftstoffen aus Deutschland wird diesbezüglich zwar eine recht gute Umweltbilanz bescheinigt, aber dennoch ist hier, ebenso wie bei Bioimporten, Vorsicht geboten. Was bleibt, ist die Hoffnung, dass sich die Bilanz mit der Einführung der zweiten Generation der Biokraftstoffe bessert.

9.1.2 Fahrbericht Flüssiggas

Umwelt und Geldbeutel schonen mit Flüssiggas

Kraftstoffkosten halbieren mit Autogas – so lautet landauf, landab der Werbeslogan sowohl von Flüssiggaslieferanten als auch von Umrüstwerkstätten. Aber geht das denn wirklich? Ab wann lohnt sich solch eine Umrüstung? Und wie sieht es mit etwaigen Gaspreiserhöhungen aus? Diese und viele weitere Fragen sollen im Folgenden anhand eines Praxisberichts beantwortet werden.

Vorgeschichte:

Meine Affinität zu sauberen Sachen ist nicht neu. Schon lange interessiere ich mich für erneuerbare Energien und alternative Kraftstoffe. Deswegen bin ich auch kein klassischer Maschinenbau-Ingenieur geworden, sondern Fachjournalist und Buchautor. Eigentlich faszinieren mich ja am meisten die Wasserstofffahrzeuge, aber die sind technisch leider noch nicht ausgereift und nur in Form von Prototypen auf öffentlichen Straßen zu finden. Deswegen müssen Alternativen her.

Als Erstes kam ein Rapsölauto. Der Wagen lief ganz gut, wenn auch das Vorheizen im Winter manchmal lästig war. Leider gab der Motor etwas zu früh den Geist auf, was allerdings nicht am Pflanzenöl lag (s. Fahrbericht Rapsöl Kap. 9.1.1). Es musste also ein neues Auto her. Aber was für eines? Wieder ein Diesel, der kostspielig auf Rapsöl umgerüstet wird und bei dem andauernd hin und her geschaltet werden muss, bevor man ihn abstellt? Oder doch lieber ein Benziner mit Gasantrieb? Aber welches Gas?

Fragen über Fragen. Eigentlich müsste mir die Beantwortung doch leicht fallen, schließlich habe ich darüber schon ein Buch geschrieben. Aber was ist denn nun in meinem individuellen Fall wirklich das Beste?

Bestandsaufnahme: Was hab ich und was will ich?

Ich komme zusammen mit meiner Frau auf eine jährliche Fahrleistung von ungefähr 30.000 km. In Berlin gibt es sowohl Erdgas- (Compressed natural gas = CNG) als auch Flüssiggastankstellen (Liquefied petroleum gas = LPG = Autogas). Hier draußen auf dem Land gibt es weder die einen noch die anderen, nur Autogas wäre in 25 km Entfernung noch erreichbar. Aber will ich zum Tanken wirklich so weit fahren?

Biodiesel gab es zwischenzeitlich an über 1.900 Tankstellen, was eine durchaus gute Infrastruktur darstellte. Innerhalb kürzester Zeit ist diese Zahl jedoch wieder auf 250 Stationen gesunken. Rapsöl gibt es ohnehin nur vereinzelt direkt bei einigen Ölmühlen und Firmen oder privat bei Eigennutzern. Hört sich also beides nicht so toll an.

Bezüglich der Betankungsmöglichkeiten käme folglich am ehesten Biodiesel in Betracht. Aber damit ist lediglich eine Kostenersparnis von 10 Cent pro Liter möglich, wobei noch mit einem geringen Mehrverbrauch zu rechnen ist. Finanziell betrachtet komme ich so also auch nicht weiter.

Wie sieht es bei der Umrüstung aus? Biodiesel könnte ich einfach so tanken, auch wenn kaum ein Autohersteller offiziell eine Freigabe dafür erteilt. Das Betriebsrisiko müsste ich also alleine tragen. Der Umbau bei Pflanzenöl kostet etwa 2.500 Euro, während sich die Umrüstung auf Autogas auf 1.500 bis 2.500 Euro beläuft, auf Erdgas sogar 2.500 bis 3.500 Euro. Kraftstoffseitig ließen sich die Spritkosten mit CNG um über 50 % reduzieren, bei LPG „nur" um 45 %. Pflanzenöl kann bei Abnahme größerer Mengen ebenfalls zu Ersparnissen von rund 50 % führen. Eklatante Unterschiede sind dies nicht. Das hilft mir also immer noch nicht so richtig weiter.

Wie sieht es denn bei der Zulademöglichkeit aus? Der recht voluminöse Erdgastank nimmt erheblichen Platz im Kofferraum ein, es sei denn, ich wähle einen Opel Zaphira, bei dem ab Werk eine Unterflurlösung angeboten wird. Autogas kann in einem Muldentank anstelle des Reserverades gespeichert werden, so dass die Ladefläche nicht reduziert wird. Pflanzenöllösungen sehen derzeit recht unterschiedlich aus, da die Technik noch einige Jahre hinter der Gastechnik hinterherhinkt. Bivalente Systeme (mit zwei Kraftstoffen) benötigen auf jeden Fall zwei Tanks. Wo der zweite Behälter jedoch hin soll, ist abhängig vom jeweiligen Fabrikat. Vorrangig bieten sich hierbei Transporter an, die ausreichend Platz auf oder unter der Ladefläche haben.

Also, was nehme ich denn nun?

Kraftstoffauswahl: Entscheidungsfindung in zwei Schritten

Zunächst entscheide ich mich gegen einen Diesel. Wieso? Vielleicht liegt das auch an der Feinstaubdebatte, die damals losgetreten wurde. Vorrangiger Grund ist aber die immer noch fragwürdige Bilanz bei Biodiesel. Es gibt zwar mittlerweile zahlreiche Studien über die Vor- und Nachteile. Wie aber die Energie- und Umweltbilanz von Rapsmethylester (RME) tatsächlich aussieht, bleibt weiterhin fragwürdig. Außerdem wären die Ersparnisse bei den Spritkosten schnell wieder dahin, sobald die Einspritzpumpe erneuert werden müsste. Wenn es denn sein muss, nehme ich also eine Fahrzeugumrüstung mit den damit verbundenen Kosten in Kauf.

Bleibt die Qual der Wahl zwischen Rapsöl, Erdgas und Flüssiggas.

Rapsöl ist für mich keine wirkliche Alternative mehr, weil mir meine eigenen Erfahrungen gezeigt haben, dass diese Technik noch nicht wirklich verbraucherfreundlich ist. Es funktioniert zwar alles, aber der Betrieb ist noch nicht so einfach und sauber wie mit Benzin oder Diesel. Morgendliches Anwärmen des Motors kann nervig werden, wenn immer erst rechtzeitig vorm Start ein Stromkabel angeschlossen werden muss (nur notwendig bei monovalentem Betrieb). Das Hantieren mit diesem biogenen Kraftstoff kann darüber hinaus zu einer riesigen Schweinerei werden.

Eine professionelle Rapsölumrüstung, die einen wirklich sauberen Betrieb ermöglicht, gibt es derzeit kaum. Meist wird der Umbau von kleinen Schrauberwerkstätten angeboten, die eigene Konstruktionen anbieten. Für Öko-Freaks, Hobbybastler und Trendsetter mag dies in Ordnung sein. Autofahrer, die einfach nur einen funktionierenden fahrbaren Untersatz benötigen, sind hier jedoch nicht so gut aufgehoben. Besser sieht es diesbezüglich für landwirtschaftliche Fahrzeuge und Lkw-Flotten aus.

Damit bliebe dann noch die Wahl zu Gunsten von Flüssig- oder Erdgas.

Die Energie- und Umweltbilanz ist bei beiden Kraftstoffen ähnlich. Die CNG-Umrüstung ist zwar wegen des höheren Druckniveaus (200 bar) teurer, aber dafür gibt es regionale Fördermaßnahmen, bei denen beispielsweise Gasversorger einen Umbau bezuschussen beziehungsweise Tankgutscheine verteilen. Für Autogas gibt es das nicht. Dafür ist die Verbreitung von LPG-Autos und -Tankstellen sowohl in Deutschland als auch im angrenzenden Ausland größer.

Ausschlaggebend für mich ist letztlich jedoch ein persönlicher Grund. Hier im Ort wird nämlich demnächst eine LPG-Tankstelle eröffnet. Außerdem gibt es mittlerweile keine steuerliche Benachteiligung von Autogas mehr. Mittlerweile erfolgte die Verlängerung der steuerlichen Begünstigung bis 2018 für CNG und LPG.

Die Entscheidung ist somit gefallen: Flüssiggas wird der Kraftstoff meiner Wahl. Jetzt muss nur noch das geeignete Auto her.

Autokauf: Das Auto passend zum Sprit

Zugegebenermaßen ist die Vorgehensweise bislang eher unüblich: zuerst den Kraftstoff und danach das Auto auswählen. Angesichts der hohen Spritpreise kann sich dieses Verfahren aber durchaus als ratsam erweisen. Es ist ja auch nicht mehr so, dass es innerhalb der verschiedenen Kraftstoffkategorien keine ausreichende Auswahl gäbe. Selbst bei Neufahrzeugen gibt es mittlerweile mehrere Modelle im Angebot, zwischen denen der angehende Autokäufer wählen kann. Allerdings sieht es bei den Gasfahrzeugen sehr viel besser aus als bei den Autos mit biogenen Kraftstoffen.

Im Gasbereich haben fast alle renommierten Autokonzerne zumindest ein Modell, das bereits serienmäßig produziert wird. Ob dies jedoch nur wegen des besseren Umweltrenommees geschieht, das sich positiv auf die gesamte Produktpalette auswirkt, oder tatsächlich auch mit Nachdruck weiterentwickelt wird, soll an dieser Stelle nicht erörtert werden.

Zurück zum konkreten Fall des Autokaufs: Ein Neuwagen kommt in meinem Fall nicht in Frage. Der Wertverlust speziell in den ersten Monaten und Jahren ist bei denen so hoch, dass ich ein schon etwas in die Jahre gekommenes Modell bevorzuge. Damit sich eine Umrüstung aber amortisieren kann, sollte das Auto nicht zu alt sein: um und bei fünf Jahre wäre genau richtig.

Es soll ein Klein- oder Mittelklassewagen (Benziner) sein,

- der Platz für vier bis fünf Personen bietet
- einen nutzbaren Kofferraum hat
- wahlweise über ein Sonnendach oder eine Klimaanlage verfügt
- der spritzig in der Stadt ist
- aber auch entspannt auf der Autobahn ohne übermäßige Lärmentwicklung gefahren werden kann
- da auch mal Kinder mitgenommen werden sollen, sollte er auch sicher sein

- geringer Kraftstoffverbrauch und Schadstoffarmut sind ohnehin selbstverständlich

Bei der Suche nach einer geeigneten Automarke hat jeder seine ganz persönlichen Vorlieben. Ich tendiere dabei eher zu deutschen Mittelklassemodellen, die auch mit dem hiesigen Klima gut klarkommen (z. B. VW Golf, VW Polo, Opel Astra).

Wo findet man solche Pkw? Einen Gebrauchtwagenmarkt für bereits umgerüstete Modelle gibt es bisher noch nicht. Es bleiben daher die gängigen Wege über Kfz-Anzeigen und Gebrauchtwagenhändler. Ein Besuch bei den regionalen Händlern zeigt schnell, dass es durchaus hilfreich ist sich dort zu informieren, sich quasi Appetit machen zu lassen, gegessen wird dann aber doch woanders. Das Angebot ist nämlich eher dünn und zu neu und damit zu teuer.

Zeitungen geben diesbezüglich deutlich mehr her. Die Lektüre ist zwar zum Teil etwas aufwendig, zahlt sich aber im Endeffekt aus. Nach vielen Telefonaten und enttäuschten Hoffnungen („schon weg") verbleiben einige potentielle Kaufobjekte, die einer Visite würdig sind. Die Frage ist bloß, ob diese Autos auch tatsächlich für den LPG-Betrieb geeignet sind? Ich konsultiere daher das erste Mal eine Fachwerkstatt, die mich jeweils bei den Wunschfahrzeugen über deren Erfahrungen mit diesen Modellen auf dem Laufenden hält. Dann endlich starte ich zu einer Rundtour und inspiziere Autos.

Das Objekt der ersten Wahl ist schnell gefunden: ein VW Polo in sehr gutem Zustand, scheckheftgepflegt, als Zweitwagen verwendet, wird von einem Rentnerehepaar verkauft. Bingo! Der ist es!

Der Kaufvertrag ist schnell unterschrieben, das Auto wird schnell überführt und umgemeldet. Und was nun? Wo kann ich das Auto umrüsten lassen?

Umrüster: Wer baut um?

Die Zahl der Umrüstungsunternehmen nimmt stetig zu. Viele Werkstätten haben gemerkt, dass in diesem Bereich ein lohnendes Zusatzgeschäft liegt. Die Palette von potentiellen Umrüstern ist dadurch innerhalb kürzester Zeit unüberschaubar geworden. Schließlich ist das Thema *Gasfahrzeug* nicht nur hier in Deutschland aktuell, auch im Ausland nimmt das Interesse weiter zu.

Speziell beim Thema Autogas sind andere Länder ohnehin schon viel weiter als wir Deutschen. In Italien, den Niederlanden und Polen fahren weit mehr gasbetriebene Autos als hier. Deswegen kommen auch fast alle Umrüstsätze aus dem Ausland. Da ist es nur verständlich, dass dort auch mit günstigen Umbauangeboten gelockt wird, die insbesondere in grenznahen Regionen gerne angenommen werden.

Umso schwerer ist es für den umbauwilligen Autobesitzer auszuwählen. Zunächst klingt es sehr viel reizvoller, die Umrüstung für 900 Euro in Polen vornehmen zu lassen, als 2.500 Euro bei einem regionalen Umrüstunternehmen in Deutschland zu bezahlen. Aber geht es dabei wirklich nur ums Geld?

Unabhängig davon, wo der Gasumrüster beheimatet ist, muss zunächst vor extrem günstigen Super-Spar-Angeboten gewarnt werden, denn auch in diesem Bereich gilt: Qualität hat ihren Preis. Beim Umbau eines Fahrzeugs für den Betrieb mit Flüssiggas geht es nicht allein um den Einbau einiger zusätzlicher Komponenten:

- Zunächst sollten alle Komponenten TÜV-geprüft (zertifiziert) und mit einer Seriennummer versehen sein.
- Der Umrüstsatz sollte für das jeweilige Auto geeignet sein.
- Der Umrüstsatz sollte dem heutigen Stand der Technik entsprechen (es gibt verschiedene Systemgenerationen).
- Der Umrüstsatz sollte tatsächlich eine Schadstoffreduzierung erzielen.
- Die Mechaniker/Techniker sollten entsprechend ausgebildet/geschult sein.
- Die Werkstatt sollte bereits über ausreichende Erfahrung verfügen.
- Die Werkstatt sollte alle Fragen kompetent beantworten können.
- Die Werkstatt sollte eine regelmäßige Wartung anbieten.
- Im Bedarfsfall sollte eine zügige Reparatur mit entsprechender Fehlerdiagnose möglich sein.

Nur wenn das alles gewährleistet ist, sollte tatsächlich an eine Auftragserteilung gedacht werden, ansonsten geht das zunächst beim Umbau gesparte Geld schnell für vermeidbare Nacharbeiten und Überführungsfahrten drauf. Oder aber die Betriebserlaubnis erlischt beziehungsweise wird gar nicht erst erteilt, weil das System nicht zertifiziert ist, was zur Folge hätte, dass dann kein

Versicherungsschutz mehr gewährleistet ist. Selbst wenn ein sehr günstig eingebautes System problemlos funktionieren sollte, kann die Überraschung bei einer Abgasuntersuchung kommen. Einige Autos produzieren im Gasbetrieb mehr Schadstoffe als im Benzinbetrieb und verbrauchen zudem viel zu viel.

Unter Berücksichtigung all dieser Überlegungen wähle ich in meinem Fall eine Umrüstwerkstatt, die zwar etwas teurer ist, aber – hoffentlich – gute Arbeit macht. Den Geschäftsführer kenne ich bereits aus meiner Studienzeit (Maschinenbau, TU Berlin), als ich bei einem Berliner Umrüster arbeitete und häufig in der Werkstatt zu tun hatte. Außerdem ist der Firmensitz nicht weit weg von meinem Wohnort.

Umbau: Umrüstung auf Flüssiggas

Der Umbau beginnt mit der ersten Kontaktaufnahme und dem Einholen eines Angebots. Das sollte eigentlich recht zügig gehen, aber ich merke schnell, dass ich einfach zu spät dran bin. Seit Sommer 2005, als die Ölpreise emporschnellten, sind die meisten LPG-Werkstätten völlig überlaufen. Das Interesse ist so groß wie nie zuvor und viele Betriebe gehen angesichts dieser Anfragenflut in die Knie. So auch diese Werkstatt. Ein Sekretariat oder Büro mit entsprechendem Personal gibt es nicht. Alles läuft direkt über den Geschäftsführer. Der einzige Vorteil daran ist, dass man gleich einen kompetenten Menschen am Telefon hat, wenn man mal durchkommt – nur leider kommt man selten durch.

Ein Besuch vor Ort verdeutlicht, dass den ganzen Tag das Telefon klingelt. Häufig wegen banaler Fragen, aber auch, weil dort unter anderem Schulungen für Kfz-Techniker angeboten werden – eine in diesen Tagen begehrte Zusatzqualifikation.

Nach einem persönlichen Gespräch und einiger Warterei habe ich schließlich mein Angebot auf dem Tisch: rund 2.400 Euro für den Einbau einer BRC-Anlage. Okay, sag ich mir. Lieber etwas mehr zahlen und dann eine gute Qualität bekommen. Von mir aus kann es losgehen, aber leider spielt die Werkstatt nicht mit: Es fehlen noch Komponenten. Wegen der großen Nachfrage gibt es Lieferprobleme.

Na ja, das ist ja eigentlich ein gutes Zeichen, dann warte ich eben ein bisschen und überlege mir in Ruhe, ob ich lieber einen kleinen oder doch lieber einen etwas größeren Tank nehmen sollte. Die kleine Variante passt genau in die Reserveradmulde, die größere steht etwas über, ermöglicht aber eine Reichweite von über 400 km. Ich entscheide mich zu Gunsten der größeren Reichweite.

Auch von anderer Seite höre ich, dass zum Teil sehr lange Wartezeiten üblich sind, drei bis vier Monate sogar. Bei mir ist es nach einigen Wochen so weit. Vielleicht kommt mir ja der persönliche Kontakt von früher jetzt zu Gute. Vorm Urlaub gebe ich das Auto auf dem Weg zum Flughafen ab, entrichte meine Anzahlung und hole es nach dem Urlaub bei der Werkstatt wieder ab. Letztlich bleiben wir sogar geringfügig unter dem anvisierten Preis. Perfekt.

Betankung: Tanken mit Adapter

Ist schon komisch, so mit Flüssiggas zu fahren, jedenfalls am Anfang. Man fährt sehr viel bewusster und freut sich jedes Mal, dass Umwelt und Geldbeutel geschont werden. Der Blick wandert sehr häufig zur Tankanzeige, um sich so zu vergewissern, ob man tatsächlich mit Autogas fährt.

Auch der vierjährige Sohn freut sich über den Gasantrieb. Wir haben ihm alles so gut wie möglich erklärt, warum dieses Auto mit Gas fährt und das andere mit Benzin. Er scheint es auch ganz gut verstanden zu haben. Ich weiß bloß noch nicht, wie ich ihm erklären soll, dass es während einer Fahrt mit dem Benziner nicht ganz korrekt ist, wenn er ruft: „Gib Benzin, Papa!"

Die ersten Betankungsaktionen sind noch sehr aufregend. Es muss jedes Mal zunächst ein Adapter per Hand auf den Tankstutzen geschraubt werden. Zum Glück ist dafür kein spezielles Werkzeug erforderlich. Dann nimmt man die Zapfpistole, schraubt diese manuell auf den Adapter, klemmt den Zapfpistolengriff fest und drückt den Startknopf an der Zapfsäule. Erfreulicherweise dichtet alles gut ab, obwohl die Schraubverbindungen nur handfest angezogen werden. Etwas ungewohnt ist nur, dass an den meisten Betankungsstationen der Startknopf während des kompletten Befüllvorgangs gedrückt gehalten werden muss. So hat man ein bis zwei Minuten kostenloses Bizepstraining pro Betankung.

Wird anschließend der Griff der Zapfpistole aus der Arretierung gelöst, zischt es laut und Gas strömt seitwärts weg. Im unmittelbaren Umkreis sollte sich also zu diesem Zeitpunkt niemand aufhalten. Ansonsten ist alles problemlos. Alles kann einfach per Hand wieder gelöst werden, und auch die Bezahlung ist bei offiziellen Tankstellen unverändert, als wenn man Benzin oder Diesel tanken würde. Es gibt aber auch freie Anbieter, zum Beispiel Campingunternehmen oder Autohäuser, wo zunächst der Ablauf erfragt werden beziehungsweise Personal zu Hilfe kommen muss.

Offiziell sollte man Lederhandschuhe und am besten auch eine Brille tragen, damit tiefkalte Gaströpfchen, die beim Lösen der Zapfpistole ausströmen, nicht zu Kälteverbrennungen führen. Ich sehe aber niemanden, der entsprechend ausgerüstet ist, und alte Branchenhasen kommentieren etwaige Nachfragen lediglich mit den Worten: „Ich tanke so seit X Jahren und mir ist noch nie etwas passiert."

Bei der Suche nach lokalen Betankungsstationen hilft eine Frage beim lokalen Umrüstbetrieb oder beim Gaslieferanten. Falls dies nichts bringt, hilft ein Blick ins Internet. Der Deutsche Verband Flüssiggas e.V. (DVFG) hat speziell für Autogas eine eigene Homepage eingerichtet: www.autogastanken.de.

Für Fahrten abseits der gewohnten Strecken ist eine entsprechende Planung von Betankungsstopps ratsam. Auf der genannten Website gibt es Listen mit Befüllstationen (inklusive Anfahrtsskizzen und Öffnungszeiten), die nach Bundesländern, Postleitzahlen, Autobahnen und Städtenamen geordnet sind. Sollte sich diese Liste grad nicht im Handschuhfach befinden, half früher der SMS-Service des DVFG, den es bloß inzwischen nicht mehr gibt.

Betrieb: Alltag mit Flüssiggas

Die täglichen Fahrten mit Autogas werden schnell zur Gewohnheit. Das Tanken verliert rasch an Spannung und wird so normal wie Benzin Nachfüllen. Etwas unübersichtlich ist lediglich die Tankanzeige, genauer gesagt die Füllstandsanzeige des Druckbehälters. Sie besteht aus vier Leuchtdioden, von denen je nach Füllstand mehr oder weniger Lämpchen leuchten. Das ist leider ziemlich ungenau. So kann es passieren, dass der automatische Kraftstoffschalter von sich aus auf Benzin wechselt, weil der Tank bereits leer ist, obwohl man selbst dachte, die Füllung würde noch für einige Kilometer reichen. Ein stets gefüllter Benzintank ist daher von Vorteil.

In meinem Fall kommt noch hinzu, dass zunächst die Tankanzeige gar nicht funktioniert. Entweder leuchten alle Dioden oder keine. Außerdem wechselt der Automatikschalter auch gerne mal während der Fahrt die Betriebsart, was mitunter nur zufällig durch einen Blick auf die Anzeige bemerkt wird. Auf jeden Fall ist ein baldiger Besuch der Umrüstwerkstatt notwendig. Dabei zahlt sich aus, dass zuvor ein nahe gelegenes Unternehmen gewählt wurde und nicht eventuell eine im Ausland ansässige Werkstatt. Probleme ergeben sich aber wieder einmal durch die schwere Erreichbarkeit, weil die Telefonleitungen ständig besetzt sind.

Das Auto muss dann nach erfolgreicher Terminabsprache einige Tage für Testzwecke vor Ort bleiben. Anschließend heißt es, das Magnetventil sei defekt gewesen und ausgewechselt worden. Abrupte unerwünschte Wechsel der Betriebsart gibt es seitdem zwar nicht mehr, aber die Tankanzeige funktioniert immer noch nicht korrekt. Häufig blinken nach dem Tankvorgang alle Dioden, was eigentlich ein Zeichen für eine Überfüllung ist, die in diesem Fall aber nicht vorliegt. Und auch wenn der Gasbehälter fast leer ist, leuchten gerne mal alle Lampen.

Aber egal, es lässt sich trotzdem damit fahren. Schließlich ist eine Orientierung nach dem Tageskilometerzähler ja auch möglich. Dennoch zeigen Mankos wie diese, dass die Technik noch nicht gänzlich ausgereift ist.

Verbrauch: Mehr Gas als erwartet

Von besonderem Interesse nach der Umrüstung ist natürlich der Einspareffekt. Mit Neugierde wird daher der tägliche Verbrauch sowie die Fahrleistung pro Tankfüllung beobachtet. Schnell wird deutlich, dass der Verbrauch leider doch etwas höher liegt, als zuvor erhofft:

Der durchschnittliche Verbrauch eines VW Polo (Typ 6N mit 1,4 l Hubraum, 44 kW) liegt offiziell bei 6,5 l Super-Benzin auf 100 km. Ein geringfügiger Mehrverbrauch im Gasbetrieb ist verständlich. In der Praxis liegt der Kraftstoffbedarf aber doch deutlich über dem erwarteten Wert von etwa 7 l Autogas.

Der eingebaute Muldentank fasst 42 l. Wird er wie vorgeschrieben zu 85 % befüllt, enthält er folglich rund 36 l. Diese reichen aber maximal für 420 km, so dass der Verbrauch bei etwa 8,5 l LPG liegt. Legt man einen Gaspreis von 0,70 Euro zugrunde, wie er hier vor Ort verlangt wird (Durchschnittspreis in Deutschland: 0,68 Euro), liegt die Amortisationszeit bei zwei bis drei Jahren oder anders ausgedrückt bei rund 60.000 km Fahrleistung. Bleibt also zu hoffen, dass bis dahin keine gravierenden Mängel oder gar Unfälle den Fahrzeugbetrieb unterbrechen und die Investition zunichte machen.

Wartung: Was ist zu erwarten?
Regelmäßige Wartungstermine werden von der Werkstadt angeboten, und gewissenhaft, wie ich bin, nutze ich die ersten auch. Allerdings stelle ich dann fest, dass das Preis/Leistungsverhältnis etwas auseinander klafft. Die LPG-Anlage wird zwar gewartet, aber der Preis für dieses „Angucken" ist mir einfach zu hoch. Nach den ersten zwei oder drei Terminen nehme ich das alles etwas lockerer und lasse nicht mehr so regelmäßig warten.

Allerdings gibt es noch eine kleine Überraschung bei der ersten TÜV-Hauptuntersuchung nach der Umrüstung. Freundlich werde ich darauf aufmerksam gemacht, dass der Druckbehälter ja auch untersucht werden muss: Dichtheitsüberprüfung. Das leuchtet ein. Was mir allerdings vorher niemand gesagt hat, ist, dass dies natürlich auch extra berechnet wird. Etwa 70 Euro fallen zusätzlich an. Die Amortisationsgrenze hat sich also gerade mal wieder einige Kilometer nach hinten verschoben.

Ansonsten kann ich aber nach inzwischen über 50.000 gasgetriebenen Kilometern mit ruhigem Gewissen feststellen: Die Umrüstung hat sich gelohnt.

9.1.3 Fahrbericht Erdgas

Der Unterschied zwischen Erdgas und Flüssiggas ist letztlich nicht so besonders gravierend, und die jeweiligen Vor- und Nachteile wurden bereits in den entsprechenden Kapiteln benannt. Der Erfahrungsbericht kann in diesem Fall daher kurz gehalten werden, auch deswegen, weil die einzelnen Punkte (Umrüstung, Betankung und Betrieb usw.) beim Flüssiggas-Fahrbericht nachgelesen werden können.

Aus meiner Studentenzeit, als ich bei einem anerkannten Berliner Umrüstunternehmen mein Geld verdiente, kann ich berichten, dass die Technik damals noch in den Anfängen steckte, mittlerweile aber den Kinderschuhen entwachsen ist. Damals fehlten teilweise noch Erfahrungswerte, wie im Problemfall zu verfahren ist. Die Fehlersuche war daher noch schwierig. Aber die Entwicklung eilt zügig voran. Es werden mittlerweile deutschlandweit viele Weiterbildungsangebote gemacht und auch genutzt. Gleichzeitig nimmt die Anzahl der Werkslösungen zu, so dass die Kunden inzwischen ein breites Angebotsspektrum zur Auswahl haben. Informieren müssen Sie sich allerdings immer noch selber.

9.1.4 Fahrbericht Wasserstoff

Eigene Erfahrungen im Umgang mit Wasserstofffahrzeugen sind schwer zu erlangen, weil bisher in der Regel nur den Entwicklungsingenieuren das Recht zusteht, die teuren Prototypen bewegen zu dürfen. Erste Fahrzeuge werden zwar bereits verleast, allerdings nur an ausgewählte und speziell unterwiesene Hochschul- oder Unternehmenspartner.

Dennoch gibt es hin und wieder die Möglichkeit, sich mal hinters Lenkrad zu setzen und das Gaspedal durchzutreten. Oder wie im Fall des Hy-Wires von Opel am Gasgriff zu drehen. Da die wasserstoffbetriebenen Autos fast alle Elektrofahrzeuge sind, fasziniert bei ihnen zunächst das hohe Drehmoment, das vom Verbrennungsmotor ungewohnt ist. Zum Teil gibt es zudem bei den teilweise sehr futuristischen Entwicklungsfahrzeugen keine Zündschlüssel mehr, sondern Start-Buttons. Insbesondere eine Testfahrt mit dem Hy-Wire vermittelte einen Eindruck, wie Autofahren in zehn Jahren aussehen könnte, mit Monitoren anstelle von Rückspiegeln, Panoramafenstern und Griffen am Lenkrad, mit denen sowohl Gas gegeben als auch gebremst wird. Ein schönes Fahrgefühl, fast wie auf einem Motorrad.

BMW zählt nach wie vor auf Verbrennungsmotoren, bei denen jedoch kaum ein Unterschied festzustellen ist, ob gerade mit Wasserstoff oder Benzin gefahren wird. Hier besticht allein schon das Fahrvergnügen, eine große teure Limousine fahren zu dürfen, was für den Normalbürger ja eher selten möglich ist.

Die Brennstoffzellenmodelle aus dem Jahr 2009 sind mittlerweile schon so weit gediehen, dass man sich fragt, warum sie noch nicht verkauft werden. Laut surrende Gebläse und zischende Ventile gehören der Vergangenheit an. Man fährt bequem und sauber, so dass es eine wahre Freude ist.

9.2 Tabellen

TAB. 28: PRIMÄRENERGIEVERBRAUCH IN DEUTSCHLAND (IN %)

	1990	2000	2001	2002	2003	2004	2005	2006	2007	2008	2009
Mineralöl	35	38,2	38	37,3	36,2	35,7	35,5	34,6	32,7	34,3	34,7
Erdgas	15,4	20,7	21,4	21,8	21,8	21,9	22,2	22,1	22,1	21,6	21,8
Kernenergie	11,2	12,9	12,7	12,5	12,3	12,5	12,2	12,3	10,9	11,4	11
Steinkohle	15,5	14	13,3	13,4	13,8	13,1	12,4	13,3	14,3	12,7	11
Braunkohle	21,5	10,8	11,1	11,5	11,2	11,3	11	10,7	11,4	11	11,3
ern. Energien	1,3	2,9	2,9	3,2	3,8	4,5	5,3	6,3	7,9	8,1	8,9
sonstige	0,2	0,5	0,5	0,4	0,8	1	1,3	0,7	0,7	0,9	1,3

Quelle: Arbeitsgemeinschaft Energiebilanzen

TAB. 29: UMRECHNUNG

	Heizöl*	Erdgas**	Flüssiggas	Holzpellets
Menge	3.000 l	33.540 kWh	4.603 l	6.100 kg
Kosten	1.740 €	1.930 €	3.097 €	1.290 €
Preis/Energie	5,75 Ct/kWh	6,38 Ct/kWh	10,24 Ct/kWh	4,26 Ct/kWh

: Heizöl wird nach dem Heizwert H_u berechnet* *: Erdgas wird nach dem Brennwert H_0 berechnet*

TAB. 30: KRAFTSTOFF-KENNWERTE

	Zünd-ber. Vol.-%	Explos.-ber. Vol.-%	stöchio. Gemis. Vol.-%	mini. Zünd-energie mJ	Zünd-Temp. °C	lamin. Brenn.-Geschwind. cm/s
Wasserstoff H_2	4,0 – 75,0	18,3 – 59,0	29,6	0,017	560	270 (< 346)
Methanol CH_3OH	6,0 – 36,5	-	12,3	0,17	420	48
Methan CH_4	4,4 – 17,0	6,3 – 13,5	9,5	0,28	650	37 (< 43)
Propan C_3H_8	1,7 – 10,9	2,5 – 9,2	4,0	0,25	470	< 47
Butan C_4H_{10}	1,5 – 8,2	2,3 – 8,5	1,9	-	365	-
Benzin n-Heptan C_7H_{16}	0,6 – 7,8	1,1 – 3,3	1,8	0,24	300	30 (< 40)
Dieselöl n-Dekan $C_{10}H_{22}$	0,6 – 6,5	0,8 – 5,4	1,3	-	250	-

Bei der energetischen Betrachtung von Kraftstoffen spielt der Heizwert H_u beziehungsweise der Brennwert H_o eine besondere Rolle. Der Heizwert ist der Teil der Wärme, der bei der Verbrennung von einem Kubikmeter Gas ohne die im Wasserdampf enthaltene Wärmemenge frei wird. Der Brennwert H_o eines Gases (alt: oberer Heizwert) bezieht sich auf die gesamte Wärme inklusive Wasserdampf. Die Werte basieren auf dem Normzustand ($T_0 = 273{,}1$ K; $p_0 = 1{,}013$ bar).

	Siede-Temp. °C	Dichte flüssig bei T_S g/l	Heizwert flüssig MJ/l kJ/g	Heizwert gasf. kWh/Nm³ kWh/kg	Dichte gasf. bei T_S g/l	Verdam. Ener. bei T_S J/g
Wasserstoff H_2	−252,7	70,8	8,5 120,0	3,0 33,33	1,34	445,5
Methanol CH_3OH	64,7	792	16,0 19,7	- 5,5	1,20	1110
Methan CH_4	−161	423	21,1 50,0	9,97 13,9	1,82	510,4
Propan C_3H_8	−41	501	26,9 46,4	25,89 12,88	2,42	427,8
Butan C_4H_{10}	0	581	26,3 45,6	34,39 12,7	2,7	-
Benzin n-Heptan C_7H_{16}	25 – 215	730	31,4 42,7	8,8 kWh/l 12,0	3,47	380
Dieselöl n-Dekan $C_{10}H_{22}$	180 – 360	810	33,2 42,5	10 kWh/l 11,9	4,13	250

9
ANHANG

9.3 Abkürzungen

BHKW	Blockheiz-Kraftwerk
BMW	Bayerische Motorenwerke
BRD	Bundesrepublik Deutschland
BZ	Brennstoffzelle
CNG	Compressed Natural Gas
dena	Deutsche Energie-Agentur GmbH
EE	Erneuerbare Energien
EEG	Erneuerbare-Energien-Gesetz
EQHHPP	Euro Québec Hydro Hydrogen Pilot Project
EU	Europäische Union
EVU	Energieversorgungsunternehmen
FNR	Fachagentur Nachwachsende Rohstoffe e.V.
GH_2	Gaseous Hydrogen
ISO	Internationaler Standard
KfW	Kreditanstalt für Wiederaufbau
KW	Kurbelwelle
KWK	Kraft-Wärme-Kopplung
LH_2	Liquid Hydrogen
LNG	Liquefied Natural Gas
LPG	Liquefied Petroleum Gas
MAP	Marktanreizprogramm
NCAP	New Car Assessment Programme
NNC	Natrium-Nickel-Chlorid
PEM	Polymerelektrolyt Membran = Proton Exchange Membrane
PEV	Primärenergieverbrauch
SKE	Steinkohleeinheit
PV	Photovoltaik

9.4 Einheiten

A	Ampere
bar	Bar
°C	Grad Celsius
€	Euro
g	Gramm
Gew.-%	Gewichtsprozent
G	Giga
h	Stunde
H_U	unterer Brennwert
K	Kelvin
°KW	Kurbelwellenwinkel
λ	(Lambda) Luftverhältnis
l	Liter
Min.	Minuten
Mio.	Million
MJ	Mega-Joule (10^6)
mol	Mol
Mrd.	Milliarden
MW	Mega-Watt (10^6)
n	Drehzahl
Nm	Newtonmeter
ηm	Nanometer (10^{-9})
Nm^3	Normkubikmeter
p	Druck
PJ	Peta-Joule (10^{15})
ppm	parts per million
ρ	(Rho) Dichte
Sek.	Sekunde
t	Tonne
T	Temperatur
U	Umdrehung
US-$	US-amerikanischer Dollar
V	Volt
Vol.-%	Volumenprozent
Vpm	Volumen per million
W	Watt

9.5 Elemente

C	Kohlenstoff
Cd	Cadmium
Cl	Chlor
Cs	Cäsium
H, H_2	Wasserstoff
He	Helium
K	Kalium
La	Lanthan
Li	Lithium
Mn	Mangan
N	Stickstoff
Ni	Nickel
O, O_2	Sauerstoff
Pb	Blei
Pd	Palladium
Pt	Platin
Rb	Rubidium
Ru	Ruthenium
S	Schwefel
Se	Selen
Ti	Titan
Zr	Zirkonium

LITERATUR

AGEE, *Arbeitsgruppe Erneuerbare Energien – Statistik, Berechnungen des DIW Berlin*, Wochenbericht Nr. 29/2005, Juni 2005

BORN, K., *Alarmierende Umkehr in Umweltfragen*, Berliner Zeitung, Nr. 76, 30.03.01, S. 2

BP, *Statistical Review of World Energy 2010*, 59. Ausgabe des Weltenergieberichts

BOCKEY, D., *Biodiesel: Stand – Probleme – Perspektiven*, forum.new power, 3/2009, S. 18–23

BRENNSTOFFSPIEGEL, *Erfolgsbilanz – Brennwert und Erneuerbare bestimmen den Wärmemarkt*, 03/2007, S. 14–15

BRENNSTOFFSPIEGEL, *Steuer drückt Biodieselabsatz*, 03/2007, S. 43

BUNDESMINISTER FÜR BILDUNG, WISSENSCHAFT, FORSCHUNG UND TECHNOLOGIE, *Energiequelle fürs schadstoffarme Auto, Damit die Lichter nicht ausgehen* (1996) S. 53–54

BUWI, BUNDESMINISTERIUM FÜR WIRTSCHAFT, *Energiedaten 97/98* (1999) Bonn, S. 6

DEBRIV – BUNDESVERBAND BRAUNKOHLE, *Mehr Braunkohle im Kraftwerkseinsatz*, BWK, 1/2 2003, S. 26, 2003

DENA, Biomass to Liquid – BtL Realisierungsstudie, Berlin, 2006

DENGLER, K., U. A., *Warte nicht, bis der Regen fällt*, Marktplatz Energie, 5/2003, S. 2

DÜRSCHNER, C., *Kühl kalkuliert mit heißen Wochen*, Photovoltaik 00/2007, S. 75

ENQUETE-KOMMISSION, *Energie-Enquete-Bericht*, Juli 2002

ESSO, *Energieprognose*, Hamburg, November 2003

GÄRTNER, S., *Erweiterung der Ökobilanz von RME*, IFEU-Institut Heidelberg (2003)

GEIGER, B., WITTKE, F., *Die energiewirtschaftlichen Daten der Bundesrepublik Deutschland*, BWK, Bd. 55 (2003) Nr. 1/2, S. 56–63

GEITMANN, S., *Wasserstoff als Kraftstoff für Fahrzeugantriebe*, TU Berlin, November 1998

GEITMANN, S., *Wasserstoff & Brennstoffzellen – Die Technik von morgen*, Hydrogeit Verlag, Kremmen (2004)

Geitmann, S., *Erneuerbare Energien und alternative Kraftstoffe*, Hydrogeit Verlag, Kremmen (2005)

Geitmann, S., *Wasserstoff-Autos - Was uns in Zukunft bewegt*, Hydrogeit Verlag, Kremmen (2006)

General Motors, *Well-to-Wheel Studie*, 2002

Gerhard, J., *Biodiesel aus Schwarzheide*, UmweltMagazin, Jan./Feb. 2003, S. 60–61 (2003)

gibgas, *Fahren mit Erdgas – Na Klar!* wvgw, Bonn, 2006

Goergen, M., u. a., *Der Kampf ums Essen*, Stern, 18/2008, S. 63–77 (2008)

Görner, K., *Biogas – Potenziale, Erzeugung, Einspeisung*, Gaswärme International (56), Nr. 2/2007, S. 113–119

Grett, P., Manthey, A., *Doppelt hält besser*, ecomobil Spezial, S. 34–39, 1/2008

Hartmann, H., u.a., *Handbuch bioenergie-Kleinanlagen*, Fachagentur Nachwachsende Rohstoffe, Gülzow, Februar 2003

Heinloth, K., *Die Energiefrage*, Vieweg, Braunschweig/Wiesbaden (2003)

Höhlein, B., Biedermann, P., *Bewertung von Antrieben und Energieträgern für den Pkw-Straßenverkehr*, VDI-Bericht Nr. 1307 (1996) S. 285–299

Hollemans, B., *LPG equipment technology in light and heavy duty vehicles*, World LPG Forum, Paris (1999)

Hustedt, M., *Vom atomaren zum solaren Zeitalter, Das Zukunftsenergieprogramm* Bundestagsfraktion Bündnis90/Die Grünen, Berlin, Dezember 2001

Johnsen, B., *So wächst der Weltmarkt*, Erneuerbare Energien, 4/2003, S. 52 (2003)

Johnsen, B., *Windenergie Aktuell*, Erneuerbare Energien, 2/2006, S. 19 (2006)

Knoblach, J., *Die Last der zwei Herzen*, Berliner Zeitung, 21. Apr. 2007, S C3

Knörzer, A., *Marktentwicklung in Europa*, 4. Forum Solarpraxis, 27./28. Sept. 2003, Berlin

Koenemann a, D., *Bilanz des Jahres 2002*, Sonne Wind & Wärme, 3/2003, S. 82–83

Koenemann b, D., *Die Märkte stabilisieren sich*, Sonne Wind & Wärme, 10/2007 (2007) S. 108f

Koenemann, D., *Die Märkte stabilisieren sich*, Sonne Wind & Wärme, 4/2007 (2007) S. 108f

Köpke a, R., *Auf dem Sprung*, Neue Energie, 11/2003, S. 18–19

KÖPKE b, R., *Spitzenwert trotz Rückgang*, Neue Energie, 11/2003, S. 26–29

KÖSTER, F., *Herstellung eines wasserstoffreichen Gases*, innovation & energie, 2-2007, S. 9

KOLKE, R., *Darstellung und Vergleich technischer Innovationen für Antriebe des 21. Jahrhunderts*, Tagung: Das Auto von morgen in Stadt und Region, 11.–12. November 1996, Bonn-Röttgen

LOVELACE RESPIRATORY RESEARCH INSTITUTE, *Testing of Biodiesel Exhaust Emissions*, Protocol FY 98-056, Albuquerque/USA, 22. Mai 2000

MICHEL, J., *Acht Punkte für ein besseres Klima*, Berliner Zeitung, 27. Apr. 2007, S. 5

MINISTERIUM FÜR UMWELT UND NATURSCHUTZ, *Landwirtschaft und Verbraucher des Landes Nordrhein-Westfalen & TÜV Nord*, Essen, Pressemeldung vom 12.10.2006

NEUMANN, J., *Neue Energie-Initiative*, BWK, Bd. 59, Nr. 3, 2007, S. 26

NALLINGER, M., *Erfolgsstory ohne Stütze*, Energiespektrum, 12/2005, S. 18

NITSCH, J., DIENHART, H., U. A., *Fortschrittliche Energiewandlung und Anwendung*, VDI-Bericht 1321 (1997), VDI-Verlag, Stuttgart, S. 767–782

OTTLIK, W., *Ölreserven*, Brennstoffspiegel, 01/2007, S. 18

PEHNT, M., *Energierevolution Brennstoffzelle?*, Wiley-VCH, Weinheim (2002)

PREUSS, O., *Zukunft der Energie*, Financial Times Deutschland, 17. April 2001

PRÜLLER, S., LENZ, H. P., *Der Einfluss von EURO 4 + 5 auf die Emissionsentwicklung des Straßenverkehrs in Deutschland*, 10. Aachener Kolloquium Fahrzeug- und Motorentechnik, Aachen, 2001

RAPP, S., *Holzvergasung im Brennpunkt*, Euroheat & Power, 3/2003, S. 76, 2003

RIEDEL, E., *Allgemeine und Anorganische Chemie*, de Gruyter-Verlag, Berlin, 1990

RIFKIN, J., *Die H2-Revolution*, Campus-Verlag, Frankfurt/New York 2002

RUST, A., a, *Zukunft der Energie*, Financial Times Deutschland, 18. April 2001

RUST, A., b, *Zukunft der Energie*, Financial Times Deutschland, 20. April 2001

SCHLANDT, J., *„Biodiesel ist ein Einfallstor für den Umweltschutz“*, Berliner Zeitung, S. 10, 27./28.03.2010

SCHOCK, H.-W., *Photovoltaik, Forschung im Zeichen der Nachhaltigkeit*, FVS-Jahrestagung 2006, S. 43

SCHÜRMANN, H., *Umgebauter Dieselmotor läuft mit Erdgas*, Handelsblatt, Düsseldorf, 07. Juli 2003

Schütz, W., *Pflanzenöl als Kraftstoff*, Mineralölrundschau, 07/2007, S. 25

Smolka, T., *Strom- und Wärmeerzeugung aus Biogas*, ew, Heft 13–14 (2007), S. 30–32

Staiss, F., *Jahrbuch Erneuerbare Energien*, Bieberstein, Radebeul (2003)

Steffan, M., *Autogas hat die Nase vorn*, Autogas - Spezial (2006) S. 25–29

Stephan, K., Mayinger, F., *Thermodynamik*, Springer-Lehrbuch, Berlin (1992)

Strobl, W., Heck, E., *VDI Bericht Nr. 1201*, S. 173–185 (1995) München

Sykes, R., *Gas works*, Engine Technology International (1999) 4/99, S. 22–24

Tkalec, M., *Mobil ohne Öl*, Berliner Zeitung, S. 8, 26./27.04.2008

Trittin, J., *Die Zukunft gehört den Erneuerbaren Energien*, Wasserstoffkongress 2002, Vom Öl zum solaren Wasserstoff, Berlin, 1./2. März 2002

Tryfonidou, R., Wagner, H.-J., *Energetische Analyse eines Offshore-Windparks*, BWK, Bd. 59 (2007) Nr. 6, S. 41–45

TUT, *Erdgas – ein umweltfreundlicher Kraftstoff*, Tausend Umwelt-Taxis für Berlin, Februar 2002

TÜV Bayern Sachsen, *Erdgasfahrzeuge*, Verlag TÜV Bayern Sachsen, München, 1995

Vahrenholt, F., *Globale Markpotentiale für erneuerbare Energien*, Deutsche Shell AG, Hamburg, 1/1998 (1998)

Weiss, M., *Verfügbarkeit und Perspektiven wichtiger Energieträger*, Gaswärme International (55) Nr. 8/2006, S. 575

Wittke, F., Ziesing, H.-J., *DIW-Wochenbericht 5/01*, 05. Februar 2001

Witt, J., Kaltschmitt, M., *Weltweite Nutzung regenerativer Energien*, BWK Bd. 55 (2003) Nr. 1/2, S. 64–71, 2003

Witt, J., Kaltschmitt, M., *Weltweite Nutzung regenerativer Energien*, BWK Bd. 57 (2005) Nr. 12, S. 43–51, 2005

Wolf, S., Wache, P., *Krise ohne Ende*, Berliner Zeitung, 16.12.2008, S. 12/13

Zah, R., Binder, C., u.a., *Fahrt ins Grüne – Wie weit bringen uns Biotreibstoffe der zweiten Generation?*, TA-SWISS, Zentrum für Technologiefolgen-Abschätzung, Zürich, 2010

INDEX

AUTOR

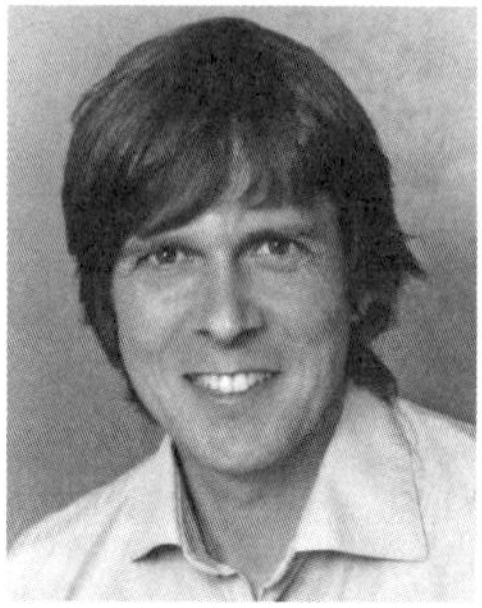

Der Buchautor Dipl.-Ing. *Sven Geitmann*, geb. 1970, beobachtet bereits seit 1997 den Markt für alternative Kraftstoffe und verfügt über umfassende praktische Erfahrungen mit unterschiedlichen Antriebstechnologien. Schon während seines Maschinenbau-Studiums an der Technischen Universität Berlin beschäftigte er sich intensiv mit dieser Thematik, unter anderem mit der Umrüstung von Gasfahrzeugen. 1998 veröffentlichte der Autor seine erste Arbeit zum Thema „Wasserstoff als Kraftstoff für Fahrzeugantriebe". Im Herbst 2000 schloss er das Studium mit seiner Diplomarbeit über den Einsatz von Flüssiggas in Fahrzeugen erfolgreich ab. Nach der Hochschulausbildung arbeitete er bei der Bundesanstalt für Materialforschung und -prüfung (BAM) in Berlin an einer internationalen Studie über die Sicherheit des Kraftstoffsystems wasserstoffbetriebener Transportmittel.

Seit dem Frühjahr 2002 arbeitet Sven Geitmann selbstständig als Buchautor und Fachjournalist für erneuerbare Energien, alternative Kraftstoffe, Wasserstoff, Brennstoffzellen und Elektromobilität. Im Frühjahr 2002 veröffentlichte er im Eigenverlag seine ersten beiden Bücher über „Wasserstoff und Brennstoffzellen". Im Februar 2004 gründete er den Hydrogeit Verlag, den ersten themenbezogenen Fachbuch-Verlag. Darüber hinaus übernahm er Ende 2005 das Magazin für Wasserstoff und Brennstoffzellen, das seit Anfang 2006 mit dem Titel HZwei unter seiner Führung im Hydrogeit Verlag erscheint.

VERLAGSPROGRAMM

Erneuerbare Energien - Mit neuer Energie in die Zukunft

Sven Geitmann, Oberkrämer

Januar 2010, 2. Druckauflage
ISBN 978-3-937863-14-6

Preis: 19,90 €

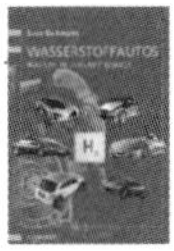

Wasserstoff-Autos - Was uns in Zukunft bewegt

Sven Geitmann

Kremmen, Mai 2006
ISBN 978-3-937863-07-8

Preis: 12,50 €

Wasserstoff & Brennstoffzellen - Die Technik von morgen

Sven Geitmann

Kremmen, Oktober 2004, 2. Auflage
ISBN 978-3-937863-04-7

Preis: 21,90 €

Brennstoffzellen im Unterricht - Grundlagen, Experimente, Arbeitsblätter

C. Voigt, S. Höller, U. Küter

Oberkrämer, Dezember 2008, 3. Auflage
ISBN 978-3-937863-13-9

Preis: 14,90 €

Die Wasserstoff-CD - Multimediale, interaktive CD-Rom

Boris Jermer & Sven Geitmann

Kremmen, April 2007, 2. Auflage
ISBN 978-3-937863-03-6

Preis: 9,90 €

The Hydrogen Society - more than just a vision?

Arno A. Evers

Oberkrämer, April 2010, englisch
ISBN 978-3-937863-31-3

Preis: 34,50 €

HZwei - Das Magazin für Wasserstoff und Brennstoffzellen

Sven Geitmann (Hrsg.)

Oberkrämer, quartalsweise
ISSN 1615-2360

Preis: 7,00 € pro Heft / 24,00 € im Abo

Nachwachsende Rohstoffe - Unterrichtspaket

Fachagentur Nachwachsende Rohstoffe e.V. (Hrsg.)

Oberkrämer, September 2010
ISBN 978-3-937863-23-8

Preis: 10,00 € Versandkostenpauschale

Weitere Informationen unter:

www.hydrogeit.de, www.hydrogeit-verlag.de, www.hzwei.info